動物愛護法入門

人と動物の共生する社会の実現へ 第2版

東京弁護士会公害・環境特別委員会 編

発行 民事法研究会

第2版　はしがき

　本書初版が出版されてから約3年後の2019年6月、動物愛護法は2012年に続き大幅に改正されました。

　その間、犬猫の問題に対する国民の関心は日々高まり、他方、インターネットの普及等もあって動物に関連する犯罪は深刻化しました。動物愛護団体等は法改正に向けた活動を積極的に展開し、署名活動は驚くほどの成果を上げました。

　このようなことから、今回、特に犬猫などペットに関する部分は大きく改善されたといえます。本書初版の第3章「動物愛護法の課題」で述べられた「マイクロチップの義務化」と「週齢規制」は、いずれも実現し、さらに最大の課題ともいわれた「数値規制」も法律のレベルでは達成されました（続く課題については、本書で詳しく触れられています）。

　これに対し、特に実験動物については、全く手を加えられませんでした。この点については、今回、時事通信の森映子記者にもご意見を寄せていただきました。

　動物愛護法が目的とする人と動物の共生する社会の実現に、本書が少しでも寄与することができれば幸いです。

2020年8月

東京弁護士会会長　冨田　秀実

はしがき

　このたび、東京弁護士会公害・環境特別委員会による『動物愛護法入門──人と動物の共生する社会の実現へ──』を上梓することとなりました。近年の核家族化・高齢化の進む社会において、犬猫を中心とするペットを家族と同様に考え、生活する家庭も増えてきました。そのようなペットブームの中、ペットの販売・流通をめぐる問題、飼育や販売のできなくなったペットをどうするのかという問題、周辺住民とのトラブルなど、新聞の社会面を賑わす問題も多く、動物と人との共生のための関係諸法規の整備は、ますます求められています。

　動物愛護法は、このような人と動物との共生のためのルールを定めた中心的な法といえ、2012年には大幅な改正がありました。しかし、改正後の動物愛護法について逐条解説をした書籍がなかったことから、犬猫の殺処分問題を中心に動物に関する問題を取り扱っている公害・環境特別委員会動物部会の弁護士の手によって、本書が執筆されたものです。

　本書は、広く動物に関する問題に興味を持つ方々にご利用いただけるよう、できるだけわかりやすく条文等の解説をするとともに、コラムや各界の方々からの動物愛護法に関するご意見を掲載しています。本書を動物愛護法の解説書として役立てていただくとともに、人と動物との関係について考える一助としていただければ幸いです。

　本書発刊に際しご意見を寄せていただきました一般社団法人全国ペット協会名誉会長の米山由男様、特定非営利活動法人地球生物会議（ALIVE）様、元新宿区職員の髙木優治様、獣医師の太田快作様、麻布大学獣医学部獣医学科実験動物学研究室教授の猪股智夫様、編集にご尽力いただいた民事法研究会の鈴木真介様に感謝申し上げます。

　2016年6月

　　　　　　　　　　　　　　　　　　東京弁護士会会長　　小林　元治

2

```
┌─────────────────────┐
│ 動物愛護法入門〔第2版〕 │
│      目　次          │
└─────────────────────┘
```

目 次

第3章 動物愛護法の課題

目　次

【凡例】

〈法令名、団体名等〉

動物愛護法　　　　　　　　動物の愛護及び管理に関する法律

施行令　　　　　　　　　　動物の愛護及び管理に関する法律施行令

施行規則　　　　　　　　　動物の愛護及び管理に関する法律施行規則

医薬品医療機器法　　　　　医薬品、医療機器等の品質、有効性及び安
　　　　　　　　　　　　　全性の確保等に関する法律

外来生物法　　　　　　　　特定外来生物による生態系等に係る被害の
　　　　　　　　　　　　　防止に関する法律

ペットフード安全法　　　　愛がん動物用飼料の安全性の確保に関する
　　　　　　　　　　　　　法律

基本指針　　　　　　　　　動物の愛護及び管理に関する施策を総合的
　　　　　　　　　　　　　に推進するための基本的な指針（2006年
　　　　　　　　　　　　　環境省告示）

動物愛護のあり方報告書　　中央環境審議会動物愛護部会動物愛護管理
　　　　　　　　　　　　　のあり方検討小委員会「動物愛護のあり
　　　　　　　　　　　　　方検討報告書」（2011年12月）

ALIVE　　　　　　　　　　特定非営利活動法人地球生物会議
　　　　　　　　　　　　　（ALIVE）

ZPK　　　　　　　　　　　一般社団法人全国ペット協会

〈その他〉

飼い主等：動物の所有者または動物の占有者のことです。前者は、動
　　物を所有している場合をいい、後者は預かっている場合など一時的
　　に占有している場合をいいます。

都道府県知事等：都道府県知事、および、政令指定都市においては市
　　長のことをいいます。

第1章　ペットの殺処分をめぐる状況と動物愛護法

Ⅰ　動物殺処分の状況

1　本書の目的——問題意識の高まり

　近年、犬や猫などペットについての保護活動や愛護活動が広がりを見せ、動物の殺処分をなくしていこうという意識が日本の社会でも少しずつ浸透してきました。多くの動物愛護団体が生まれ、保護された犬や猫たちの里親を見つけるための譲渡会などが日本中で開催されています。また、TNR（Trap-Neuter-Return Program：野良猫を捕獲し、不妊手術を施したうえで、元の生活場所に戻してやること）や地域猫といった活動が全国に広がり、東京都千代田区では2011年に全国で初めて猫の殺処分ゼロを実現するなど、著しい成果を上げつつあります。

　動物であっても、その生命は尊重され、大切にされなければなりません。それは、動物たちのため、というだけではなく、動物とのかかわりを避けては成立し得ない私たちの社会を健全なものにしていくためにも、大変重要なことといえるでしょう。なぜなら、同じ社会の中で生きる動物たちを単なる‘モノ’としか見ることができないとすれば、人同士の関係においても、立場の強弱にかかわらず、互いの価値や存在を認め尊重し合う、豊かで成熟した社会を創っていくことは難しいといえるからです。

　しかし、現実には、今も年間4万頭近くの犬および猫が殺処分され、また動物に対する虐待や大量遺棄事件がニュースを賑わしています。動物愛護に関心を持つ人たちが増えつつあるとはいえ、問題の根は深く、決して解決への見通しが立ったというわけではありません。

　そこで、本書では、2019（令和元）年に改正された「動物の愛護及び管理

1

に関する法律」（以下では「動物愛護法」といいます）を解説しながら、人と
動物が共生する社会の実現へ向けた課題やテーマを明らかにしていきたいと
思います。

2　殺処分と法律

「殺処分」とは、かつて法律上は、家畜伝染病予防法のみに書かれている
用語でした。具体的には、同法により指定されている法定の家畜伝染病に罹
患した動物については、感染拡大の防止、経済的な悪影響などの副次的被害
の防止という観点から、「患畜等の殺処分」として、都道府県知事が所有者
に対して「当該家畜を殺すべき旨を命ずることができる」などと規定されて
います。しかし近年では、以下に述べるとおり、動物愛護法に基づいて環境
省から出される告示の中でも用いられるなど、「不要な、もしくは人間に害
を及ぼす動物を行政が殺害すること」といった広い意味で使用されるように
なりました。本書においても、このような意味で殺処分という言葉を用いる
こととします。

犬の殺処分については、狂犬病予防法で、犬を「処分」する場合の具体的
な要件等が規定されています。同法によれば、都道府県知事等から狂犬病予
防員として任命された獣医師は、登録や予防注射を受けていない犬がいたら
抑留し、所有者がいない犬については、これを市町村長に通知しなければな
りません。通知を受けた市町村長は、その旨を2日間公示し、期間が満了し
た後1日以内に所有者が犬を引き取らないときは、狂犬病予防員はその犬を
「処分することができる」とされています。処分までの収容期間については
定められておらず、実際の期間は各自治体の条例等に基づいた日数であり、
自治体によりさまざまとなっています。しかし、少なくとも最短でいけば、
野良犬等については、捕獲してから3日の後に殺処分することができると規
定しているわけです。

猫については、このような法律はありません。また、犬についても、登録
や予防注射を受ける義務が生ずるのは生後90日を経過した日以降です。した

がって、生後90日までの犬についても、殺処分できると書かれた法律上の規定は存在しないということになります。

　しかし、先ほど述べたとおり、動物愛護法に基づく環境省の告示「犬及び猫の引取り並びに負傷動物等の収容に関する措置」（2006年）では、「第4　処分」という項目で、「保管動物の処分は、所有者への返還、飼養を希望する者への譲渡し及び殺処分とする」という記述があります。これは、2006年当時の動物愛護法18条5項の「環境大臣は……（犬や猫の）引取りを求められた場合の措置に関し必要な事項を定めることができる」との規定を根拠とするものです（カッコ内は筆者）。さらに、動物愛護法の2012年改正では、「殺処分がなくなることを目指して」（35条4項）という文言を含む条項が追加されました。これによって初めて、動物愛護法は、殺処分の存在を前提とした法律であることが、条文上明確に示されたことになります。

　動物の持込み（引取り）については動物愛護法に規定があり、各自治体の保健所、もしくは各都道府県や政令指定都市が管理・運営する動物愛護施設（自治体により名称は異なります）で行われています。従事者はその自治体の職員（つまり公務員）であり、現場での捕獲等に従事する現業職員のほか、動物の健康管理に従事する獣医師です。殺処分についても、基本的にはこれらの施設で行われています。

3　殺処分の状況

　自治体による犬猫の引取り数（飼い主から持ち込まれたものと所有者不明で引き取られたものの合計）は、1984（昭和59）年以降着実に減少し、2018（平成30）年度では犬が3万5535頭、猫が5万6404頭、合計ではこの5年間で半分程度となり、9万1939頭でした（☞図表1）。

　殺処分数も、引取り数と同様、1984年からは減少を続け、2018年度には、犬が7687頭、猫が3万0757頭で、合計はこの5年間で約9万頭減って3万8444頭となりました（☞図表2）。

　このように、引取り数・殺処分数のいずれも着実に減少し、特に犬につい

第1章　ペットの殺処分をめぐる状況と動物愛護法

〈図表１〉犬猫の引取り数の推移

（環境省ホームページをもとに作成）

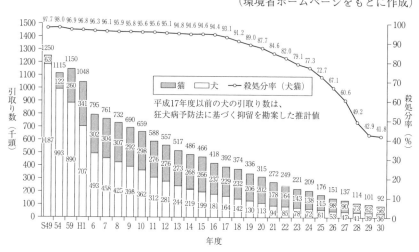

〈図表２〉犬猫の殺処分数の推移

（環境省ホームページをもとに作成）

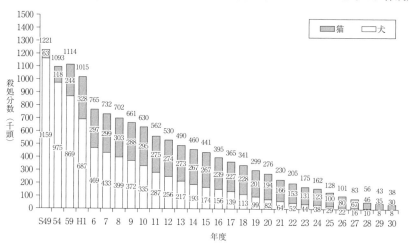

ては解決に向けた足がかりはできつつあると言ってよいかもしれません。逆に、猫に関する数字はいまだに大きく、引取り数に対する殺処分率をみると、2018年度は5年前と比べて、犬40.6％から21.6％、猫81.4％から54.5％と共に下がってはいますが、猫の殺処分率が今も50％を超えていることは看過できない問題といえます。

　さらに、猫についての内訳を見ると、2018年度の引取り数全体に対する所有者不明の子猫の割合は60.4％、殺処分における割合は65.8％と、以前より高くなっています。これらは、所有者不明の子猫が保健所等に持ち込まれ、そのまま殺処分されるケースが非常に多く、所有者不明の猫の出産が最も大きな問題となっていることを示していると言ってよいでしょう。

コラム①　ドイツの状況

　ドイツの憲法に当たる基本法では、動物の保護を国家の目標として掲げています（基本法20ａ条）。これを受けたドイツの動物保護法では、合理的な理由なしに、動物に対して痛みや傷害を与えることを禁止し（動物保護法1条）、動物虐待に当たる行為を詳細にあげて厳しく禁止しています（同法3条）。また、ドイツでは民法でも、動物は物ではないと規定されており（民法90ａ条）、動物を物として扱う日本の民法とは大きな違いがあります。

　日本との違いは法律だけではありません。ドイツ国内には、ティアハイムというシェルターが500以上もあり、そこで飼い主を失った動物たちが暮らし、里親探しが行われています。ティアハイムには、犬猫に限らず、あらゆる種類の動物が保護されて暮らしています。動物たちは、里親が見つかるまでそこで暮らし、その多くは譲渡されていき、残された動物もティアハイムで終生飼養されます。こうしたティアハイムは、ドイツ動物保護連盟の傘下にある動物保護協会が運営しており、運営費の多くは寄付とボランティアで成り立っているそうです。ドイツでは、動物の殺処分はしないという国民意識が強く定着していることがわかります。

（市野綾子）

Ⅱ　動物愛護法の制定と改正の経緯

　動物愛護法は、1973（昭和48）年9月に「動物の保護及び管理に関する法律」という名称で、議員立法によって制定された法律です。1999年12月に現在の「動物の愛護及び管理に関する法律」という名称に変更されるとともに、その内容も、動物取扱業の規制、飼い主責任の徹底、虐待や遺棄にかかわる罰則の適用動物の拡大、罰則の強化など大幅に改正されました。

　続いて2005年には、動物取扱業に登録制を導入し、悪質な業者については登録および更新の拒否、登録の取消しや業務停止の命令措置を設けるなどの規制強化、特定動物の飼育規制の一律化、実験動物への配慮、罰則の強化などの改正が行われました。

　さらに2012年には、①動物取扱業のさらなる適正化を図るため、従前の動物取扱業（営利のもの）を第1種動物取扱業とし、出生後56日を経過しない犬または猫の引渡しを制限することなどによって規制を強化し、同時に第2種動物取扱業（非営利のもの）についての届出制度を創設しました。また、②動物の適正な飼養および保管等を図るため、動物の所有者について終生飼養の責務を追加し、その趣旨に照らして都道府県等が犬または猫の引取りを

〈図表3〉　動物愛護法の制定と改正の経緯

1973年9月	議員立法により「動物の保護及び管理に関する法律」制定
1999年12月	「動物の愛護及び管理に関する法律」に名称変更
2000年12月1日	「動物の愛護及び管理に関する法律」施行
2005年6月	「動物愛護法の一部を改正する法律」（法律第68号）公布 （動物取扱業の規制強化、特定動物の飼育規制の一律化、実験動物への配慮、罰則の強化など）
2006年6月1日	「動物愛護法の一部を改正する法律」施行
2012年9月	「動物愛護法の一部を改正する法律」（法律第79号）公布 （動物取扱業の適正化、終生飼養の明文化、罰則の強化など）
2013年9月1日	「動物愛護法の一部を改正する法律」施行

拒否できることとし、同時に愛護動物に対する殺傷罪等の罰則を強化する等の措置を講ずることなどを内容とする法改正が行われました（☞図表3）。

　動物に関する政策全般についてさまざまな提言を行ってきた地球生物会議（ALIVE）は、2012年の改正について、「今回の改正で最大の成果は、動物取扱業に対する規制強化を実現できたことです。特に犬猫の繁殖、販売については、法律がきちんと運用されれば、この業界のレベルを大幅に向上させ、刷新させるものとなるでしょう」と述べています（会誌「ALIVE」104号より）。

　そして、さらに2019（令和元）年の改正によって、後に詳しく述べるとおりいくつかの重要な課題が克服されました。このような流れを把握しつつ、新しい動物愛護法のしくみを知り、残る課題を共有することは、人と動物の共生する社会の実現に大きく役立つことでしょう。

Ⅲ　動物愛護法に関するさまざまなルール

1　行政が定立する法

　動物愛護法は、国会で制定される法律ですが、行政が、法律を実際に運用するにあたって、自ら定立する法を総称して「命令」といいます。命令には、法律の適用範囲を定めたり、法律で規定しきれなかった細かい事柄を明らかにするために内閣が制定する「政令」や、行政における具体的な手続の方法やさまざまな基準などを定めるために各省の大臣が制定する「省令」などがあります。政令は「施行令」、省令は「施行規則」と呼ばれます。法律を改正するためには、どんなに些細なことであっても、国会の審議を経て可決される必要がありますが、毎年のように変更されるような数値や、非常に細かい事項などは、施行令や施行規則で定めるようにすれば、内閣や大臣の判断で改正することができますから、煩雑な手続が不要となるという利点があるのです。

　動物愛護法についても、「動物の愛護及び管理に関する法律施行令」、「動

物の愛護及び管理に関する法律施行規則」が、それぞれ内閣、環境大臣によって定められています。したがって、動物愛護法が実際にどのように運用されるかについては、これら施行令や施行規則まで確認する必要があります。

2　行政規則

　行政立法のうち、特に法規の性質を持たないものを行政規則といい、その中で、行政機関がその意思や事実を広く一般に公示する方式として、「告示」があります。動物愛護法では、動物の適正な飼養および管理を確保するために飼い主等の責務などを定め、さらに、環境大臣は動物の飼養・保管に関しての基準を定めることができるとされています。これに基づき、家庭動物・展示動物・産業動物のそれぞれについての飼養および保管に関する基準が、実験動物については飼養および保管並びに苦痛の軽減に関する基準が、告示により定められています（家庭動物等について詳しくは第2章①2参照）。

　監督行政庁が、組織上の監督権に基づいて、所管の下級行政機関に対し、法律の解釈や裁量判断の具体的指針等を示して、行政上の扱いの統一を期するために発する命令を「通達」といいます。また、これらに関係する一般的な周知事項を「通知」といいます。国は、動物の適正な飼養および管理を確保するため、必要に応じて、地方自治体等に宛てて、さまざまな通知を出しています。たとえば環境省では、2013年8月30日、環境省自然環境局長から各都道府県知事・指定都市・中核市の長に宛てて、「動物の愛護及び管理に関する施策を総合的に推進するための基本的な指針の一部を改正する件について」という通知を出しました。

　複雑・膨大な機構を持つ行政組織が統一ある行政を行い、その扱いが区々にならないよう、行政規則は、その内容を統一するために重要な役割を果たしています。

3　条　例

　地方公共団体の議会が、地方自治行政を実現していくうえで必要であると

判断した場合に、自主的に制定する法規を「条例」といいます。犬猫については、たとえば都市部と地方とでは、地域における住民や社会とのかかわりが大きく異なることから、それぞれの事情に応じたルールが必要です。住宅が密集する地域や交通量の多い地域と、逆に人も自動車も少ない地域とでは、人と動物の共生のあり方が変わってくるのは当然のことでしょう。このように、地域の特性を反映するためには、動物愛護などの条例の役割も大変に大きなものであることがご理解いただけると思います。

　京都市では、2015年3月20日に「動物との共生に向けたマナー等に関する条例」（「餌やり禁止条例」などと呼ばれています）が成立しました。あとで詳しく説明するように（☞第3章Ⅳ）、いわゆる地域猫活動とは矛盾するようにも見え、批判も多い条例ですが、野良猫などに対し、餌を与えたまま片付けずに腐らせるなど、不適切な給餌（きゅうじ）で周辺住民の生活環境に支障を生じさせることがあるのも事実です。人と動物の「共生」とは、実際にどうあるべきかを考えさせられる条例といえるでしょう。

　また、8週齢規制の問題については、2016年3月29日、札幌市で、生後8週間までは親と子を一緒に飼育することをすべての飼い主の努力義務とする「動物の愛護及び管理に関する条例」が成立しました。ペットショップや繁殖業者を含むすべての飼い主に対して、「生後8週間は親子を共に飼養してから譲渡するよう努めること」とする条項を含む条例の制定は、全国で初めてです。

　以上のとおり、動物愛護に関するルールが、法律だけでなく、施行令、施行規則、告示、通知・通達、そして条例等、さまざまなレベルにおいて立体的に作られていることがイメージできたのではないでしょうか。

（第1章　島昭宏）

コラム② ペットに関するその他の法令

ペットに関連する法令として、動物愛護法以外にどのようなものがあるでしょうか。

ペットの飼い主に関心が高いものといえば、ペットフードがありますが、それについても法律があります。いわゆるペットフード安全法というもので、正式名称を「愛がん動物用飼料の安全性の確保に関する法律」といいます。この法律は、ペットフードに有害な物質が入らないよう、国の基準に違反するペットフードの製造・輸入・販売を禁止しています（6条）。また、これに違反すると罰則があります（18条1項）。

犬の飼い主にとって身近な法律に、狂犬病予防法があります。狂犬病予防法は、その名のとおり、狂犬病を予防し、狂犬病が蔓延することを防ぐのが目的です（1条）。飼い主は、犬を取得した日から30日以内に、住んでいる地域の市町村に登録をすることが必要です（4条1項）。また、年に1回、狂犬病の予防注射をする必要があります（5条1項）。そして、登録したことで市町村からもらえる鑑札、予防注射をしたことでもらえる注射済票を犬に着けておくことが必要です（4条3項・5条3項）。これらを怠ると、犬は捕獲されてしまい、処分されてしまうこともあります（6条）。

また、都道府県や市町村などで条例が制定されていることもあります。

たとえば、猫を対象とした珍しい条例として、小笠原村飼いネコ適正飼養条例があります。これは東京都小笠原村でのみ適用されるものですが、猫を飼う際に、飼い主が登録のための申請をする必要があり、その猫にはマイクロチップをつけることが必要になります（3条1項・2項）。これらに従わない飼い主に対して、村長は必要な指導や勧告をすることができ、それでも従わない場合には、飼い主の名前を公表することができます（9条・10条）。

(古川穣史)

第2章　動物愛護法の解説

Ⅰ　動物愛護法の考え方・理念

1　目　的

　動物愛護法では、他の多くの法律と同様、1条に法律の目的が規定されています（巻末に動物愛護法の全文を掲載しています）。その内容は、制定以来、①「国民の間に動物を愛護する気風を招来し、生命尊重、友愛及び平和の情操の涵養に資する」こと、②「動物による人の生命、身体及び財産に対する侵害」を防止すること、つまり、動物の虐待防止や適正な飼養、危害や迷惑を防止するための動物の適切な管理（危害や迷惑を防止することなど）に大別されます。この2本の柱は、今も基本的には維持されています。さらに、2012年の動物愛護法の改正では、これらの目的を達成するための手段として「動物の遺棄の防止」、「動物の健康及び安全の保持等」が追加されました。そして、目的として「生活環境の保全上の支障の防止」が追加され、「人と動物の共生する社会の実現」が最終的な目的であると明記されました。

　「人と動物の共生する社会の実現」が目的となったことは、動物愛護法にとって非常に大きな転換を意味しています。なぜなら、この改正以前は、人間のためだけの法律であった動物愛護法が、2012年の改正によって、人間と動物のための法律になったという解釈が可能になったからです。

2　対象となる動物

　動物愛護法の対象動物については、法律上明記されていません。ただ、動物愛護法1条の目的規定を見ると、同法は、人とのかかわりがある動物を想定していることから、対象動物には、純粋な野生状態の下にある動物は含まれず、飼養動物全般と考えられます。

　この飼養動物は、①家庭動物、②展示動物、③実験動物、④産業動物と区別されています（☞図表4）。

①　家庭動物とは、愛玩動物または伴侶動物（コンパニオンアニマル）として家庭等で飼養・保管されている動物、情操の涵養や生態観察のために飼養・保管されている動物です（2002年環境省告示「家庭動物等の飼養及び保管に関する基準」参照）。ペットは家庭動物に当たります。

②　展示動物とは、次の動物をいいます（2004年環境省告示「展示動物の飼養及び保管に関する基準」参照）。

　　ⓐ　動物園動物：動物園、水族館、植物園、公園等における常設または仮設の施設において飼養・保管する動物

〈図表4〉　動物の分類

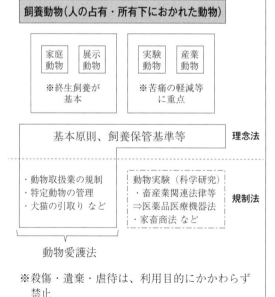

飼養動物（人の占有・所有下におかれた動物）

家庭動物	展示動物

※終生飼養が基本

実験動物	産業動物

※苦痛の軽減等に重点

基本原則、飼養保管基準等　　　理念法

・動物取扱業の規制
・特定動物の管理
・犬猫の引取り　など

・動物実験（科学研究）
・畜産業関連法律等
　⇒医薬品医療機器法
・家畜商法　など

規制法

動物愛護法

※殺傷・遺棄・虐待は、利用目的にかかわらず禁止

純粋な野生状態下の動物

⇒
・鳥獣の保護及び狩猟の適正化に関する法律
・絶滅のおそれのある野生動植物の種の保存に関する法律
・特定外来生物による生態系等に係る被害の防止に関する法律　など

（衆議院調査局環境調査室「動物の愛護及び管理をめぐる現状と課題」6頁をもとに作成）

　　ⓑ　触れ合い動物：人との触れ合いの機会の提供、興行または客よせを
　　　　目的として飼養・保管する動物

　　ⓒ　販売動物：販売または販売を目的とした繁殖等を行うために飼養・
　　　　保管する動物（ただし、畜産農業に関する動物や試験研究用や生物学的製
　　　　剤の製造に用いる動物を除く）

　　ⓓ　撮影動物：商業的な撮影に使用したり提供したりするために飼養・
　　　　保管する動物

　③　実験動物とは、実験等の利用に供するため、施設で飼養・保管してい
　　　る哺乳類・鳥類・爬虫類に属する動物（施設に導入するために輸送中のも
　　　のを含む）をいいます（2006年環境省告示「実験動物の飼養及び保管並びに
　　　苦痛の軽減に関する基準」参照）。

　④　産業動物とは、産業等の利用に供するため、飼養・保管している哺乳
　　　類・鳥類に属する動物をいいます（1987年総理府告示「産業動物の飼養及
　　　び保管に関する基準」）。産業動物には、畜産動物も含まれます。

　もっとも、動物愛護法の個々の条文ごとにその対象動物の範囲は異なりま
す（☞図表５）。たとえば、法律の理念を示すために基本原則や飼養保管基
準等を定めた１条〜９条および40条については基本的にすべての飼養動物が
対象となります。しかし、このうち７条４項では、「動物がその命を終える
まで適切に飼養することに努めなければならない」として、終生飼養の努力
義務が規定されているものの、その前提として「その所有する動物の飼養又
は保管の目的等を達する上で支障を及ぼさない範囲で」という制限が付けら
れています。つまり、家庭動物と展示動物だけがこの義務の対象となり、産
業動物と実験動物については、食肉や実験等の目的を達することが優先され、
終生飼養の努力義務は課されていないということになります。これらの動物
については、苦痛の軽減に主眼が置かれており、動物取扱業の規制、特定動
物の管理、犬・猫の引取り等に関する10条〜39条では対象となっていないの
です。

　このように、動物愛護法では、対象となる動物の利用目的によって適用範

〈図表5〉動物愛護法の条文ごとの対象動物の範囲

条文	内容	対象動物	目的等
2条	基本原則等	動物一般	虐待防止及び適正な取扱い 動物による人への危害の防止
5条 6条	基本指針 動物愛護管理推進計画	動物一般	施策の総合的・体系的な推進等
10条～ 24条の4	動物取扱業の規制	哺乳類、鳥類、爬虫類（畜産・実験用を除く）	動物取扱業者の実態把握 動物の適正な飼養保管の確保等
25条	周辺の生活環境保全のための勧告措置	哺乳類、鳥類、爬虫類（畜産・実験用を除く）	動物の多頭飼養による生活環境被害の防止
25条の2～ 33条	特定動物の飼養規制等	動物一般（政令により哺乳類、鳥類、爬虫類を規定）	動物による人への危害防止等
35条	都道府県による犬及び猫の引取り	犬、猫	犬、猫の保護等（遺棄の防止等）
36条	負傷動物等を発見した者による通報の努力義務 都道府県等による負傷動物等の収容	犬、猫等	犬、猫等の保護 動物の死体等の適正処理等
37条	犬及び猫の所有者に対する繁殖制限の努力義務	犬、猫	犬、猫の適正な飼養保管等
40条	動物を殺す場合の苦痛軽減の努力義務	動物一般	動物の苦痛の軽減等
41条	動物を科学上の利用に供する場合の方法及び事後措置等	動物一般	動物の苦痛の軽減等
44条	殺傷・虐待・遺棄の禁止	愛護動物 ○牛、馬、豚、めん羊、やぎ、犬、猫、いえうさぎ、鶏、えばと及びあひる ○上記のほか、人が占有している哺乳類、鳥類又は爬虫類	動物の保護等

（衆議院調査局環境調査室「動物の愛護及び管理をめぐる現状と課題」5頁参照）

囲が異なり、条文によって適用される動物とそうでない動物が混在するという複雑な規定になっています。

3　基本原則

　動物愛護法 2 条には、基本原則として、動物が命あるものであることを考慮して、みだりに動物を虐待しないというだけでなく、人間と動物が共に生きていける社会をめざし、動物の習性をよく知ったうえで適正に取り扱うようにしなければならない、と定められています（1 項）。

　動物愛護法の2012年改正では、これに加えて新たに第 2 項が規定されました。ここでは、動物を取り扱う場合には、「適切な給餌および給水」、「必要な健康の管理」、「飼養または保管を行うための環境の確保」を行わなければならない、と定められています。この改正により、単に虐待や遺棄を防ぐという動物愛護のレベルからさらに進んだ国際的な動物福祉の基本原則として定着している「5 つの自由」のうち、「恐怖や不安からの自由」を除く 4 つの自由の趣旨が明記されたといわれています。

　ここで「5 つの自由（Five Freedom）」について説明しておきましょう。これは、1960年代のイギリスで、家畜飼育状況の無残さを記した『Animal Machine』（Ruth Harrison 著）という本が出版されたことをきっかけに、もともとは牛や豚、鶏などの家畜の劣悪な飼育管理を改善し、それらの福祉を確保するための基本的な考えとして提唱されたものです。現在では、家畜のみならず、ペット・実験動物等あらゆる人間の飼育下にある動物の福祉の基本として世界中で認められ、いかなる状況下にあっても、この 5 つの自由はすべての動物に与えられなくてはならないと考えられています。EU（欧州連合）では、この動物福祉（Animal Welfare）の概念に基づいて指令が作成され、加盟国はこれに基づき、法令・規則等を制定しました。イギリスでは、2006年に成立した「動物福祉法2006（Animal Welfare Act 2006）」において、「福祉を保障するための動物の責任者の義務」としてこの「5 つの自由」が「動物のニーズ」という形で規定されています。

　5つの自由の内容は以下のとおりです。

---

① 　飢えと渇きからの自由（解放）
　　→きれいな水や栄養的に十分な食餌が与えられていること
② 　肉体的苦痛と不快からの自由（解放）
　　→適切な環境下で飼育されていること（清潔な状態の維持、危険物の有無、
　　　風雷雨や炎天を避けられる屋根や囲いの場所、快適な休息場所）
③ 　外傷や疾病からの自由（解放）
　　→痛み、外傷、疾病の徴候に基づく適切な治療が行われていること
④ 　恐怖や不安からの自由（解放）
　　→恐怖や精神的な苦痛（不安）の徴候をなくすか軽減すること
⑤ 　正常な行動を表現する自由
　　→正常な行動を表現するための十分な広さが与えられていること（動物が危
　　　険を避けるための機会や休憩、習性に応じた群れまたは単独での飼育）

英国王立動物虐待防止協会・世界動物保健機関
「『5つの自由』に基づく動物福祉の評価表」（2008年）

4　基本指針と推進計画

(1)　動物愛護管理基本指針

　動物愛護法5条では、環境大臣は「動物の愛護及び管理に関する施策を総合的に推進するための基本的な指針」（基本指針）を定めなければならないと規定されています。

　これに基づき、2006年10月31日に、基本指針が環境省告示として策定されました。この基本指針は、動物の愛護および管理に関する行政の基本的方向性と中長期的な目標を明確にし、計画的かつ統一的な施策の遂行等を目的としています（その後、2013年には改正が行われています）。

　その内容は、以下のように構成されています。

第1　動物の愛護及び管理の基本的考え方
第2　今後の施策展開の方向
第3　動物愛護管理推進計画の策定に関する事項

第4　動物愛護管理基本指針の点検及び見直し

　このうち、第1（基本的考え方）では、「動物の命に対して感謝及び畏敬の念を抱くとともに、この気持ちを命あるものである動物の取扱いに反映させることが欠かせない」など、個人の心情にまで立ち入るような文言が用いられている点が特徴的です。

　また、第2では、施策別の取組みとして、

- ⑴　普及啓発
- ⑵　適正飼養の推進による動物の健康と安全の確保
- ⑶　動物による危害や迷惑問題の防止
- ⑷　所有明示（個体識別）措置の推進
- ⑸　動物取扱業の適正化
- ⑹　実験動物の適正な取扱いの推進
- ⑺　産業動物の適正な取扱いの推進
- ⑻　災害時対策
- ⑼　人材育成
- ⑽　調査研究の推進

という10項目を掲げて、各項目の現状と課題、講ずべき施策の具体的な手引を決めています。

　第3では、動物愛護管理推進計画の策定に関し、計画期間を原則として2014年4月1日～2024年3月31日の10年間とすることや、計画の記載項目等が定められています。

　そして、第4では、毎年度、基本指針の達成状況を点検することや、基本指針策定からおおむね5年目に当たる2018年度を目途として、その見直しを行うとされています。

⑵　動物愛護管理推進計画

　動物愛護法6条では、都道府県は、基本指針に即して、地域の実情に応じ、またあらかじめ関係市町村の意見を聴いたうえで、「動物愛護管理推進計画」

を策定することとされています。

　たとえば東京都は、2014年に「人と動物との調和のとれた共生社会の実現」をめざすことを理念とする「東京都動物愛護管理推進計画（ハルスプラン）」を策定しました（ハルス：HALTH とは、Human and Animal Live Together in Harmony の頭文字です）。そこでは、主な課題として、①殺処分数のさらなる減少をめざした譲渡拡大のしくみづくり、②多頭飼育問題の効果的な解決に向けた連携体制の構築、③規制強化に伴う動物取扱業者に対する監視・指導の徹底、④避難所への同行避難など災害時の動物救護体制の充実といった4項目があげられています。また、適正飼養・終生飼養に関する普及・啓発の強化をはじめとする15の施策とともに、2023年度までに、動物の引取り数を2012年度と比べて15％削減すること、殺処分数を同じく20％削減すること、犬の返還・譲渡率を85％以上にし、猫の返還・譲渡率を20％以上にすること、といった具体的な数値目標が示されました。そして、都民、事業者、ボランティア・関係団体、区市町村、東京都が、それぞれの役割に主体的に取り組みながら、一層の連携・協働により、効果的に施策を展開することによって、上記の理念の実現をめざすとされています。

　このように、地域の実情に即した具体的な計画を策定することによって、効果的な施策と目標の達成が可能になると考えられているのです（☞Ⅳ2）。

5　国民の意識向上、殺処分の方法など

(1)　普及啓発活動・動物愛護週間

　動物愛護法の2012年改正では、動物の所有者は、その動物が命を終えるまで適切に飼養するよう努めなければならないという終生飼養義務が定められました（7条4項）。これに対応して、行政は、持ち込まれた動物について、その引取りを拒否できると定められました（35条1項ただし書）。これらの規定により、犬や猫の飼い主等は、自分の都合が悪くなったなどの安易な理由で保健所等に動物を持ち込むことはできなくなったということができ、殺処分の減少につながることが期待されます。

しかし、このような規定があっても、結局のところ、飼い主等一人ひとりの意識が変わらなければ、ほかの場所に捨ててしまうというようなことも考えられます。やはり、動物の命を尊重する考え方や、動物を飼うことの責任の重さなどが、国民全体にしっかりと根付いていかなければ、本当の解決にはなりません。

そのため、動物愛護法3条では、国や都道府県等は、学校・地域・家庭などへの教育活動や広報活動を通じて、広く国民の間に、動物の愛護と適正な飼養についての関心と理解を深めるための普及活動を行うよう努めなければならないと規定されました。また、4条では、毎年9月20日〜26日を動物愛護週間とし、国および地方公共団体では、その趣旨にふさわしい行事を実施することが定められています。

(2)　動物を殺す場合の方法

食用に供する場合など、やむを得ない理由によって動物を殺さなければならないことがあります。

動物愛護法40条では、そのようなときであっても1項で、できる限りその動物に苦痛を与えない方法によって殺さなければならないとし、2項で、その方法に関し必要な事項を環境大臣が定めることができると規定されています。

2007年11月12日に環境省から出された告示「動物の殺処分方法に関する指針」では、殺処分する動物の生理・生態・習性等を理解し、生命の尊厳性を尊重することを理念とするとし、具体的には、科学的または物理的方法により、できる限り苦痛を与えない方法を用いてその動物を意識喪失の状態にし、心機能または肺機能を非可逆的に停止させる方法など、社会的にも認められる方法によるべきことが定められています。

殺処分に関し、日本の多くの自治体では、炭酸ガスによる方法が採用されてきました。これについては、炭酸ガスには麻酔作用があるため、動物たちは苦痛を感じることなく死ぬことができるとの説明がされることがあります。しかし、実際には、密閉されたガス室の中で、炭酸ガスの濃度が高くなると、

犬たちは叫び悶えた後、痙攣をしながら倒れ、その後も息を吸おうと頭を高く上に上げ、足をばたつかせながら、次第に動かなくなるといいます。1970年代初頭、動物愛護センターの職員によって、犬も猫も大きさを問わず、1頭ずつバットで力任せに殴り殺され、焼却炉に放り込まれたといわれる時代に比べれば（小林照幸『ペット殺処分――ドリームボックスに入れられる犬猫たち』参照）、はるかにましとはいえ、それでもこのような殺処分の方法が、本当に環境省の指針にかなったものといえるか、はなはだ疑問です。

　ちなみに、世界動物保護協会（WSP）が2007年に発表したガイドライン「犬猫の安楽死のための方法」では、具体的な殺害方法の推奨レベルを、「推奨（Recommended）」、「許容（Acceptable）」、「条件付き許容（Conditionally Acceptable）」、「許容できない（Not Acceptable）」の4段階に分けています。「推奨」はペントバルビタール塩20%静脈注射という方法のみ、「許容」は麻酔薬の静脈注射による過剰投与等、「条件付き許容」は全身麻酔後の塩化カリウムの静脈注射等があげられています。炭酸ガスによる方法は、感電、絞首、溺死等と並んで「許容できない」に分類されています。

　また、1996年に日本獣医師会が発行した「動物の処分方法に関する指針の解説」では、愛玩動物（一般）、愛玩動物（行政）、展示動物、実験動物、産業動物の殺処分方法について個別に説明が行われています。この中で、行政の施設における炭酸ガスによる処分方法について、以下のように述べられています。

> 　安楽死のための炭酸ガス注入は、炭酸ガス濃度と作用時間等に配慮する必要がある。安楽死処分の『苦痛を与えない』という点からは徐々に炭酸ガスを注入し麻酔状態に陥らせてから安楽死へと導入するのが最善であるが、大量処分の現状と処分機の機能との兼ね合いも考慮しなければならない。

　これに関し、地球生物会議（ALIVE）は、「行政の施設のガス処分機には、ガス濃度の調節が不可能な古いタイプのものが多く、かつ老朽化しており、処分される動物に大きな苦痛を与えています。一方、近年、犬猫の殺処分数

の減少により、このような大量処分機は必要としなくなってきてもいます。この機会に、ガスによる大量処分方式をやめて、麻酔薬を使用した注射による方法に転換する必要があると考えられます」との意見を表明しています（ALIVE「『動物の殺処分方法に関する指針』についての意見」（2007年9月3日）より）。

2019年の改正では3項が新設され、環境大臣が殺処分の方法について必要な事項を定めるにあたっては、国際的動向への配慮義務が課されることになりました。これにより、環境省からの告示がより具体的かつ前進したものに更新されることを期待したいと思います。

(3)　動物実験

動物愛護法における実験動物に関する条文は、41条のみです。

そこでは、まず1項で、実験の目的を達成することができる範囲内で、できる限り動物実験以外の方法によるべきこと、実験動物の数を最小限にすべきことが規定されています。また2項では、実験の際には、できる限り動物に苦痛を与えない方法をとること、3項では、実験後、動物が回復の見込みのない状態に陥っている場合には、できる限り苦痛を与えない方法によって殺処分すべきことが定められています。

動物実験が避けられないものであることを前提に、その数と苦痛を最小限にすべきという原則が述べられているわけです。

そして、この定めを受けて、「実験動物の飼養及び保管並びに苦痛の軽減に関する基準」が告示の形式で定められています。

これらについては、第3章Ⅲで詳しく述べることにします。

(4)　表　彰

動物愛護法の2012年改正により、動物の愛護と適正な管理の推進について特に顕著な功績があった者に対して、環境大臣が表彰を行うことを定める41条の3が新しく設けられました。

環境省では、この規定が定められる以前の2001年より、動物愛護週間における取組みの一環として、動物愛護管理功労者表彰を行っています。その対

象者（団体を含みます）は、以下のとおりです。

① 動物の愛護と適正な飼養に関する啓発・普及に関し、多年にわたり尽力し、顕著な功績があった者
② 動物の愛護と適正な飼養のための助言・支援に関し、多年にわたり尽力し、顕著な功績があった者
③ その他、動物の愛護および管理に関し、特に模範となるような業績を上げた者

(5) 地方公共団体への情報提供等

動物愛護法の2012年改正では、国から地方公共団体への情報提供等を定めた41条の4も新しく規定されました。これは、動物愛護管理担当職員の設置や研修の実施、地方公共団体の担当部局と警察との連携強化、動物愛護推進員の委嘱や研修実施等について、国が情報提供や助言をするなどを講ずることによって、動物愛護の施策が適切かつ円滑に実施されることを目的としたものです。

2019年の改正では、41条の4で規定される国が連携許可を図るべき相手方として畜産の担当部局や民間団体が追加されました。これは産業動物への配慮や動物愛護団体等との協力関係を意識したものと考えられます。

さらに、41条の5が新設され、地方公共団体が動物愛護や適性飼育に関する施策を実施するための費用について、国に財政上の措置等を講ずるべき努力義務が課されました。ボランティアの自己負担や寄付等に頼りがちの現状の改善へ向けた有意義な改正といえましょう。

（第2章① 島昭宏）

Ⅱ 動物取扱業者

1 動物取扱業者の責務

動物の虐待や殺処分をなくし、動物と人間とが共存できる社会をつくるためには、私たち人間が動物を命あるものとして愛護し、動物の生活環境を快

適なものに整えたり、終生飼養を当たり前のこととする意識を持たなければ
なりません。動物愛護法は、そうした目的を達成するために、ペットショッ
プなどの動物取扱業者に登録義務を課して、動物の飼養を適切に行える能力
のある業者でなければ登録できないようにしたり（もっとも、非営利の業者の
場合は届出義務です）、適切に動物を管理・飼養するためのさまざまな規制を
設けています。ここでは、動物取扱業者となるための手続や動物取扱業者に
課される責務について説明します。

　動物愛護法の「動物取扱業者」は、第1種動物取扱業者と第2種動物取扱
業者に分けられます（☞図表6）。動物取扱業者の取り扱う「動物」とは、
哺乳類、鳥類、爬虫類に属する動物をいいます。畜産用動物、実験用動物は
これに含まれません（動物愛護法10条）。第1種動物取扱業者は、営利目的で
動物を取り扱う業者、第2種動物取扱業者は、非営利で動物を取り扱う団体
等をいいます。また、第1種動物取扱業者の中でも、犬猫等を販売する業者
には、追加の義務が課されます（☞後記2⑷）。

⑴　第1種動物取扱業者（☞後記2）

⒜　第1種動物取扱業者とは

⒤　内容・登録手続

　2012年の動物愛護法改正により、従前は「動物取扱業者」と規定されてい
たものが、「第1種動物取扱業者」として名称が変更されました。

　第1種動物取扱業者とは、動物の販売、保管、貸出、訓練、展示、競りあ
っせん、譲受飼養を、営利目的で業として行う者をいいます（動物愛護法10
条、施行令1条）。たとえば、ペットショップやペットホテルといった営利性
を持つものは、第1種動物取扱業者に該当します。

　第1種動物取扱業者は、動物の適正な取扱いを確保するための基準等を満
たしたうえで、都道府県知事等の登録を受けなければなりません。登録を受
けた動物取扱業者には、さまざまな義務が課されます。悪質な業者は、登録
を拒否されたり、登録の取消しや業務の停止命令といった処分を受けること
があります。

第2章　動物愛護法の解説

〈図表6〉第1種動物取扱業者と第2種動物取扱業者

	第1種動物取扱業者 （動物愛護法10条1項、施行令1条）		第2種動物取扱業者 （動物愛護法24条の2）
	動物の販売、保管、貸出、訓練、展示、競りあっせん、譲受飼養を営利目的で業として行う者		動物の譲渡、保管、貸出、訓練、展示を非営利で業として行う者
	犬猫等販売業者 （犬猫の販売や販売のための繁殖を行う者）	犬猫等販売業者以外	
対象動物	犬、猫	実験動物・産業動物を除く、哺乳類、鳥類、爬虫類	
販売	〈業務の内容〉　動物の小売り及び卸売り並びにそれらを目的とした繁殖または輸出入を行う業（その取り次ぎまたは代理を含む）		
	〈業者の例〉　小売業者、卸売業者、販売目的の繁殖または輸入を行う者、露天等における販売のための動物の飼養業者		
保管	〈業務の内容〉　保管を目的に顧客の動物を預かる業		
	〈業者の例〉　ペットホテル業者、美容業者（動物を預かる場合）、ペットのシッター		〈業者の例〉　非営利のペットシッター等
貸出し	〈業務の内容〉　愛玩、撮影、繁殖その他の目的で動物を貸し出す業		
	〈業者の例〉　ペットレンタル業者、映画等のタレント・撮影モデル・繁殖用等の動物派遣業者		〈業者の例〉　非営利のペットレンタル業者等
訓練	〈業務の内容〉　顧客の動物を預かり訓練を行う業		
	〈業者の例〉　動物の訓練・調教業者、出張訓練業者		〈業者の例〉　盲導犬などを飼養する団体
展示	〈業務の内容〉　動物を見せる業（動物とのふれあいの提供を含む）		
	〈業者の例〉　動物園、水族館、移動動物園、動物サーカス、動物ふれあいパーク、乗馬施設、アニマルセラピー業者（「ふれあい」を目的とする場合）		〈業者の例〉　公園などでふれあい活動を行う団体、アニマルセラピーのボランティア等
競りあっせん業	〈業務の内容〉　動物の売買をしようとする者のあっせんを会場を設けて競りの方法により行うこと		
	〈業者の例〉　動物オークション（会場を設けて行う場合）		
譲受飼養業	〈業務の内容〉　有償で動物を譲り受けて飼養を行うこと		
	〈業者の例〉　老犬老猫ホーム		
譲渡			〈業務の内容〉　動物を無償で譲り渡すこと
			〈業者の例〉　シェルター等を有し、譲渡活動を行う動物愛護団体、里親探しの譲渡ボランティア等

（環境省ホームページをもとに作成）

　図表6からもわかるように、飼養施設の有無を問わず規制の対象となるため、インターネットなどを利用して代理販売をする場合や出張訓練のように飼養施設がない場合でも、第1種動物取扱業として規制の対象になります。

(ii)　動物取扱業種の追加

　図表6にもあるように、2012年1月、動物愛護法施行令が改正され、第1種動物取扱業者に、競りあっせん業者と譲受飼養業者の2業種が追加されました。ここではこの2業種について説明します。

(a)　競りあっせん業者

　オークションによって動物が売買されることが増えたことから、多くの動物が集まるオークション会場でも動物の適正な管理が必要となりました。また、多くのオークションでは、扱われる動物に関する情報管理・伝達等をオークション事業者が担っており、売買される動物のトレーサビリティー（流通履歴を確認すること）の確保に重要な役割を果たしています。これらのことから、会場を設けて動物の売買をしようとする者のあっせんを、競りの方法で行う場合には、新たに動物取扱業の登録を要することとされました（施行令1条1号）。

　規制の対象となる競りあっせん業者は、実際の会場を設けて動物のオークションを運営する者をいいます。ですから、会場を設けずインターネット上のみで競りを行ういわゆるインターネットオークションはこれに含まれません。

(b)　譲受飼養業者

　最近は、いわゆる老犬ホーム・老猫ホーム（☞コラム③参照）が増加していますが、こうした事業者の一部について不適正な飼養をしているところがあるという実態も明らかになっています。ここで規制の対象となるのは、さまざまな理由により動物を飼い主から譲り受けてその飼養を行う事業者です（施行令1条2号）。こうした譲受飼養業者と保管業者との違いは、飼い主が動物の所有権を事業者に移すかどうかという点にあります。従来は、老犬ホーム・老猫ホームのように、飼い主から事業者に動物の所有権が移転する場

合には、動物の「保管」には当たらず、動物取扱業の登録が求められていなかったため、その事業者の管理・監督ができませんでした。そこで、2012年の動物愛護法改正で、所有権が事業者に移転する場合でも、動物取扱業の登録の対象とされたのです。

　なお、施行令1条は、譲受飼養業者の対象を「当該動物を譲り渡した者が当該飼養に要する費用の全部又は一部を負担する場合」に限定していますから、元の飼い主から無償で引き取る場合や、引取り等に要する費用（輸送費、手数料、不妊・去勢に要する費用等）のみを求める場合は、譲受飼養業者とはなりません。

　他方で、元の飼い主が飼養に負担する費用については、譲り渡した時点で全額を支払う場合に限られるものではなく、定期的に一定の金額を負担する場合も含まれ、譲受飼養業として規制の対象になります。

⒝　動物販売業者の責務

　第1種動物取扱業者のうち動物販売業者に対して、販売時の説明義務が定められています。後述する犬猫等販売業者（第1種動物取扱業者のうち、犬猫等の販売を業として営む者）には、2012年の動物愛護法改正により、販売時にあらかじめ現物確認と対面販売を行うことが義務付けられましたが（動物愛護法21条の4。☞後記2⑷）、それと同様にすべての動物の販売業者に、販売時に必要な説明を行うべきであることが明記されました（動物愛護法8条）。

　具体的には、動物販売業者は、購入者に対し、動物の種類、習性、供用の目的等に応じて、必要な説明をしなければなりません。また、その説明の際には、購入者の購入しようとする動物の飼養や保管の知識・経験に照らして、購入者に理解されるために必要な方法・程度により、説明を行うよう努めなければなりません。

　説明事項の参考になるのが、「ペット動物販売業者用説明マニュアル（哺乳類・鳥類・爬虫類）」です（環境省ホームページの「パンフレット・報告書等」のページからダウンロードできます）。このマニュアルには、哺乳類・鳥類・爬虫類ごとの説明事項や動物種ごとの説明事項が記載されています。

⒞ 犬猫等販売業者の責務（☞後記2⑷）

第1種動物取扱業者のうち、犬または猫の販売や販売のための繁殖を行う者を「犬猫等販売業者」といいます（動物愛護法10条3項）。

犬猫等販売業者は、第1種動物取扱業者に課せられる義務のほかに、犬猫等健康安全計画の策定とその遵守、獣医師との連携の確保、販売困難な犬猫についての終生飼養の確保、56日齢以下の販売制限など、追加の義務が課せられています。

⑵ 第2種動物取扱業者（☞後記3）

第2種動物取扱業者は2012年動物愛護法改正の際に設けられました。第1種動物取扱業者に該当する者以外でも、不適切な動物の取扱いが指摘されたことから新たに規制がされたものです。

この第2種動物取扱業者とは、動物の譲渡・保管・貸出・訓練・展示を、非営利で、業として行う者をいいます（動物愛護法24条の2）。第1種動物取扱業者との違いは、図表6のとおりです。

第2種動物取扱業者として業を行うためには、①飼養施設を設置していること、②取り扱う動物が一定数以上であることが必要です。

第2種動物取扱業を行う場合には、都道府県知事等に届出をしなければなりません。

（第2章Ⅱ1　市野綾子）

> ### コラム③　老犬ホーム、老猫ホーム
>
> ペットや飼い主の高齢化に伴い、老犬・老猫ホームの需要が高まっています。短期の預かりであれば、ペットホテルに宿泊させるという方法がありますが、ある程度の長い期間にわたって預かり飼育する、あるいは終生飼育する施設が、老犬・老猫ホームです。
>
> 老犬・老猫ホームは、動物愛護法の第1種動物取扱業者に該当し、犬猫の所有権を飼い主から譲り受けて飼育する場合は「譲受飼養」、犬猫の所有権を飼い主に残したまま飼育する場合は「保管」に該当し

ます。

　譲受飼養の場合は、老犬・老猫ホームが犬や猫の所有者ですから、老犬・老猫ホームは、動物の終生飼養の義務を負います。

　現状では、圧倒的に保管の形態が多いようです。

　老犬・老猫ホームは、飼育状況や料金もまちまちです。実際に利用する場合には、見学するなどして、預けている動物の様子や施設の様子、提携している病院の有無などを確認することが必要です。

　最近では、費用をめぐるトラブルも発生しています。実際にあったケースでは、飼い主が犬を老犬ホームに預け、終身預かり契約の費用を前払いしましたが、犬が病気になったため、1カ月後に解約して犬を自宅に連れて戻ったところ、ホーム側が前払費用の返還をしなかったために、飼い主が裁判を起こしたというものがあります。ホーム側は、契約書に「契約後の返金はできない」という記載があることを理由に返還を拒否しました。裁判所は、前払費用は、「犬の世話」というサービスを提供することの対価であり、準委任契約の性質を有しているから、契約が解除された場合は、将来に向かって効力を失い、すでに世話を受けて履行された分を除いた代金は、不当利得となり、事業者は飼い主に返還する義務を負うとしました。また、「返金できない」とする条項は、終身預かり契約の解除に伴う損害賠償額の予定または違約金の定めに当たり、平均的損害を超える部分について消費者契約法9条1号に基づいて無効であるとして、事業者は、代金の半分を超える部分について、飼い主へ返還する義務を負うとしました（大阪地裁平成25年7月3日判決・消費者法ニュース97号348頁）。

　老犬・老猫ホームを利用する場合、ある程度の長期にわたって飼養することが前提となりますから、不要なトラブルを避けるためには、病気時の対応や、途中解約の場合の規定などについて、しっかり確認することも必要です。　　　　　　　　　　　　　　　　　（佐藤光子）

2　第1種動物取扱業者

(1)　第1種動物取扱業者とは

　2012年の動物愛護法改正により、従前は「動物取扱業者」と規定されていたものが、「第1種動物取扱業者」として名称が変更されました。ペットショップといった動物の販売や、ペットホテルといった保管などを、業として、営利性を持って行うものは、第1種動物取扱業者に該当します（動物愛護法10条）。

　「業として行う」とは、主に、①社会性を持って、②反復継続的に、または多数の動物を、③営利の目的等を持って、動物を取り扱うことを意味すると考えられています（動物愛護論研究会編著『改正動物愛護管理法Ｑ＆Ａ』37頁）。

　対象となる「動物」は、哺乳類・鳥類・爬虫類に属する動物です。ただし、畜産農業にかかる動物（乳・肉・卵・羽毛・皮革・毛皮などの畜産物の生産、乗用・役用・競走用を目的として飼育される牛・馬・羊・山羊・鶏・家鴨等）、実験等に利用されることを目的に飼育または繁殖・生産される動物を除きます。

　第1種動物取扱業として規制を受ける「取扱業」は、販売、保管、貸出し、訓練、展示、競りあっせん業、譲受飼養業（動物愛護法10条、施行令1条）です。具体的には、図表7のとおりです。

　この表からわかるように、飼養施設の有無を問わず対象となるため、インターネットなどを利用した代理販売や、出張訓練のように飼養施設がない場合でも、第1種動物取扱業として規制の対象になります。

(2)　第1種動物取扱業の登録

(A)　登録手続

　第1種動物取扱業を営もうとする者は、当該業を営もうとする事業所の所在地を管轄する都道府県知事等の登録を受けなければなりません（動物愛護法10条）。

(i)　趣　旨

　2005年の動物愛護法改正において、従来の届出制から登録制に規制が強化

〈図表7〉第1種動物取扱業として規制を受ける業種

業種	業の内容	該当する業者の例
販売	動物の小売及び卸売り並びにそれらを目的とした繁殖又は輸出入を行う業（その取次ぎ又は代理を含む）	○小売業者 ○卸売業者 ○販売目的の繁殖又は輸入を行う業者 ○露天等における販売のための動物の飼養業者 ○飼養施設を持たないインターネット等による通信販売業者
保管	保管を目的に顧客の動物を預かる業	○ペットホテル業者 ○美容業者（動物を預かる場合） ○ペットのシッター
貸出し	愛玩、撮影、繁殖その他の目的で動物を貸し出す業	○ペットレンタル業者 ○映画などのタレント・撮影モデル・繁殖用等の動物派遣業者
訓練	顧客の動物を預かり、訓練を行う業	○動物の訓練・調教業者 ○出張訓練業者
展示	動物を見せる業（動物とのふれあいの提供を含む）	○動物園 ○水族館 ○移動動物園 ○動物サーカス ○動物ふれあいテーマパーク ○乗馬施設・アニマルセラピー業者（「ふれあい」を目的とする場合）
競りあっせん業	動物売買をしようとする者のあっせんを、会場を設けて競りの方法で行う業	○動物オークション市場の運営業者
譲受飼養業	有償で動物を譲り受けてその飼養を行う業	○高齢の犬や猫などを世話する「老犬・老猫ホーム」の事業者

（環境省「動物の愛護及び管理に関する法律のあらまし　平成24年改正版」12頁）

されました。

　登録制が導入された経緯として、劣悪な環境で飼養している動物取扱業者や高齢ペットの廃棄など、ペットショップをめぐるトラブルが顕在化し、悪質な業者が社会的に問題となったことがありました。そこで、動物取扱業者

の実態を把握するとともに、動物の適正な飼養を社会全体で確保していくことに対するプロとして動物取扱業者の役割と責任を確保することを目的として、届出制が導入されたのです（1999年改正）。しかし、届出制では、悪質な業者への登録取消措置、営業停止、申請時の審査などの規定がなく、目的を達成するには不十分なところがありました。そのため、業者が取扱業を始めてから届け出る届出制ではなく、許可された業者のみが取扱業を営むことができる許可制にすべきではないか、という議論がありました。しかし、許可制までは導入せず、それに近いものを取り入れることとし、悪質な業者に対する事後的な処分（登録の取消し、営業停止）や、動物の取扱いに必要な基準を満たしていることを事前に確保するために、動物取扱業を登録制としたのです（2005年改正）。

2012年の動物愛護法改正では、取扱業に対する規制をそのまま「第1種」動物取扱業者の規定としました。登録制にすることで、悪質な業者に対して事前の基準審査、事後的な登録の取消し、事業停止（19条）といった規制をできるようにしています。2019年改正では、第1種動物取扱業者に対する登録拒否事由の追加、遵守基準の法定などが行われ、適正飼養の促進がなされました。

なお、登録制については、2012年の動物愛護法改正に至る議論の中で、悪質業者への規制としては不十分であり、許可制にすべきだとの意見も多く出されていました。しかし、制度の名称にこだわらず、実質的な規制内容についての議論を深めるべきだということから、許可制への変更は行われませんでした（中央環境審議会「動物愛護のあり方報告書」7頁）。この経緯からして、行政への登録、定期的報告・立入検査（動物愛護法24条）、勧告・命令（同法23条）、登録の取消し・営業停止（同法19条）といった一連のしくみにより、登録制ではあるものの、実質的には「許可制」に代用しうるものとされている以上、行政においては、より積極的に悪質業者に対する対応が求められるといえます。

(ⅱ)　登　録

　第1種動物取扱業の登録を受けるには、事業所の所在地を管轄する都道府県知事等に申請をします。

　申請する単位は、業種・事業所別となります。

　申請手続としては、所定の様式（施行規則2条・様式第1）の申請書に必要な事項を記入して、添付書類（同条2項）と一緒に、都道府県等に提出します（同条1項）。申請書の記載事項は、次のとおりです（動物愛護法10条2項、施行規則2条4項）。

---

①　氏名または名称、住所、法人にあっては代表者の氏名（1号）

②　事業所の名称、所在地（2号）

③　事業所ごとにおかれる動物取扱責任者の氏名（3号）

④　営もうとする動物取扱業の種別、その種別に応じた業務内容および実施の方法（4号）

⑤　主として取り扱う動物の種類および数（5号）

⑥　飼養施設を設置しているときは、次に掲げる事項（6号）
　　ⓐ　飼養施設の所在地（6号イ）
　　ⓑ　飼養施設の構造・規模（6号ロ）
　　ⓒ　飼養施設の管理方法（6号ハ）

⑦　その他環境省令で定める事項（7号、施行規則2条4号）

　申請書の書式（☞資料1）については、環境省ホームページ（「第1種動物取扱業者の規制」のページ）に雛形が掲載されています。

(ⅲ)　犬猫等販売業者の特則

　第1種動物取扱業のうち、犬および猫の販売をしようとする犬猫等販売業者は、登録にあたっては、第1種動物取扱業者としての申請とともに、以下の事項も記載する必要があります（動物愛護法10条3項）。

---

①　販売の用に供する犬および猫の繁殖を行うかどうか（1号）

②　犬猫等健康安全計画（2号）

　犬猫等健康安全計画について、事前に提出した計画どおりに実施されてい

ない販売業者に対して、都道府県知事等は、登録の取消し、業務停止などを行うことができます（動物愛護法19条1項4号）。

　このように、第1種登録動物取扱業者のうちの犬猫等販売業者に対して、特に追加的に規制がされたのは、悪質な販売業者やブリーダーによる社会問題が多く起きている中で、動物愛護の環境を整えたものといえます（犬猫等販売業者に対する規制の詳細について、☞後記(4)）。

(ⅳ)　登録拒否事由

　動物愛護法12条では、第1種動物取扱業登録に関する登録拒否事由を規定しています（1項）。登録拒否事由は、以下のように分類されます。

　なお、都道府県知事等は、登録を拒否したときには、遅滞なくその理由を示して、申請者に通知しなければなりません（同法12条2項）。

(a)　人に関する事由

　登録申請者（動物愛護法10条1項、施行規則2条2項2号）、事業所ごとの動物取扱責任者（施行規則2条2項3号）について、以下の事由に該当する場合には、登録を拒否されます（動物愛護法12条1項各号）。ここには、業務を遂行する能力に欠ける場合（1号）や法令を遵守する意識に欠ける者（2号～6号）があげられています。

　法人については、役員のうちに動物愛護法12条1項1号～7号の2のいずれかに該当するものがある場合に、登録拒否事由となります（同項8号）。また、個人で取扱いをする場合の環境省令で定める使用人についても同様にされています（同項9号）。動物の不適正な取り扱いをする蓋然性が高いと判断される者が動物の取り扱いについて主導的な立場に立つことを防ぐためです。「環境省令で定める使用人」としては、第1種動物取扱業の登録を行おうとする者の使用人であって、本店または支店の代表者のほか、継続的に業務を行うことができる施設を有する場所で当該業に係る契約を締結する権限を有する者を置く場所の代表者を想定するようです（改正省令骨子案）。

　①　成年被後見人もしくは被保佐人または破産者で復権を得ない者（1号・

2号）

② 登録を取り消され、その処分のあった日から5年を経過しない者（3号）

③ 第1種動物取扱業者が法人であるものが登録を取り消された場合に、その処分のあった日前30日以内にその第1種動物取扱業者の役員であった者で、その処分のあった日から5年を経過していない場合（4号）

④ 業務停止を命ぜられ、その停止期間が経過していない者（5号）

⑤ 禁固以上の刑に処せられ、その執行を終わり、または執行を受けることができなくなった日から5年を経過しない者（5号の2）

⑥ 動物愛護法等の規定に違反し、罰金以上の刑に処せられ、その執行を終わり、または執行を受けることがなくなった日から5年を経過しない者（6号）。

⑦ 暴力団員（暴力団員による不当な行為の防止等に関する法律2条6号）または暴力団員でなくなった日から5年を経過しない者（7号）

⑧ 第1種動物取扱業に関し不正または不誠実な行為をするおそれがあると認めるに足りる相当な理由がある者として環境省令で定める者（7号の2）

⑥について、従来は、動物愛護法違反による刑事罰を受けた者についての登録拒否事由は定められていましたが、他の動物関連規定に違反した者については登録拒否事由となっていませんでした。2012年改正の際に、動物愛護法以外の動物関連法規についての違反がある場合も登録拒否事由となったことに、大きな意味があります（☞図表8）。同様に禁固以上の刑に処せられ、執行を終わった者や受けることができなくなって5年を経過しない者（⑤）や暴力団員等の関係者（⑦）についても登録拒否事由として2019年改正で規定しています。

⑧について、「第1種動物取扱業に関し不正又は不誠実な行為をするおそれがあると認めるに足りる相当の理由がある者」として環境省令が定める者については、第1種動物取扱業の登録取消処分に係る行政手続法に基づく聴聞通知後、当該処分に係る決定までの間に廃業等の届出をした者で当該届出の日から5年を経過しない者を想定しています（骨子案）。事実上不利益処分を免れようとする業者について拒否できるようにするためのものです。

〈図表 8 〉動物愛護法12条 1 項 5 号・ 6 号で登録拒否事由としている法令

対象となる業	根拠法	該当条文	登録拒否事由の例
第 1 種動物取扱業全般	化製場等に関する法律	10条 2 号・ 3 号	必要な構造設備を設けていない化製場
	狂犬病予防法	27条 1 号・ 2 号	必要な登録をしない場合、予防接種をしない場合
	動物愛護法		
動物の販売を業として営もうとする場合	絶滅のおそれのある野生動植物の種の保存に関する法律	58条 1 項、59条 2 号、62条 1 項、63条 6 号、65条	希少野生動物を飼養するのに必要な設備を設けていない場合、違法輸入者
	鳥獣の保護及び管理並びに狩猟の適正化に関する法律	84条 1 項 5 号、23条、26条 6 項、27条、86条 1 号、88条	販売禁止鳥獣の販売、違法譲渡・輸入
	特定外来生物による生態系等に係る被害の防止に関する法律	32条 1 号・ 5 号、33条 1 号、36条	特定外来生物の違法輸入

(b)　動物の適正な取扱いの確保に関する事由

　動物愛護法12条 1 項では、登録の申請に関して10条 2 項 4 号に掲げられている事由（営もうとしている動物取扱業の種別、種別に応じた業務の内容・実施方法）が、動物の健康および安全の維持その他動物の適正な取扱いを確保するために必要な基準に適合しない場合には、都道府県知事等は、登録を拒否しなければならないと定めています。したがって、登録の申請をする場合は、営もうとしている業種別に応じて、定められた基準を満たす必要があります。

　この基準については、施行規則 3 条 1 項で、次のように規定されています。

①　事業所および飼養施設の建物並びに土地について、事業実施に必要な権限を有していること（ 1 号）
②　事業内容が、営もうとする業（販売業、貸出業）に応じて、施行規則 8 条で定める内容に適合していること（ 2 号・ 3 号。施行規則 8 条については、☞後記(3)(A)(ii)）。

第2章 動物愛護法の解説

【資料1】第1種動物取扱業の申請書

<table>
<tr><td colspan="4"></td><td colspan="2">年　　月　　日</td></tr>
<tr><td colspan="6">都道府県知事　殿
市　　　長　殿　　　　　　　　　申請者　氏　　名
（法人にあっては、名称及び代表者の氏名）
住　　所　〒
電話番号</td></tr>
<tr><td colspan="6" align="center">第一種動物取扱業登録申請書</td></tr>
<tr><td colspan="6">　動物の愛護及び管理に関する法律第10条第2項の規定に基づき、下記のとおり第一種動物取扱業の登録の申請をします。</td></tr>
<tr><td colspan="6" align="center">記</td></tr>
</table>

1	事業所の名称		
2	事業所の所在地		電話番号
3	動物取扱責任者	(1) 氏名	
		(2) 要件	□実務経験（　　年、経験場所：　　　　　　　） □教　育（教育機関等：　　　　　　　　　　） □資　格（団体等：　　　　　　　　　　　　）
4	第一種動物取扱業の種別		□販売／□保管／□貸出し／□訓練／□展示 □その他（　　　　　） （飼養施設の有無：□有　□無　）
5 業務の内容及び実施の方法		(1) 業務の具体的内容	
		(2) 実施の方法	別記のとおり（販売及び貸出しの場合に限る。）
6 主として取り扱う動物の種類及び数		(1) 哺乳類	
		(2) 鳥類	
		(3) 爬虫類	
7 飼養施設（施設を有する場合）		(1) 所在地	
	(2) 構造及び規模	①建築構造	□木造／□木造モルタル造／□鉄骨鉄筋コンクリート造／□鉄筋コンクリート造／□コンクリートブロック造 □その他（　　　　　　　　　　）
		②延床面積	㎡
		③敷地面積	㎡
		④材質 床面	
		壁面	
		⑤設備の種類	□ケージ等（　　個） □照明設備／□給水設備／□排水設備／□洗浄設備／□消毒設備／□廃棄物の集積設備／□動物の死体の一時保管場所／□餌の保管設備／□清掃設備／□空調設備／□遮光等の設備／□訓練場
	(3)	管理の方法	
8	営業の開始年月日		年　　月　　日
9 権原の有無		①事業所	□有　　□無
		②飼養施設	□有　　□無

10　事業所以外の場所におい て重要事項の説明等をする 職員（事業所の外で事務を 行う場合）	(1)氏名	
	(2)要件	□実務経験（　　年、経験場所：　　　　　　　　　　） □教　　育（教育機関等：　　　　　　　　　　　　） □資　　格（団体等：　　　　　　　　　　　　　　）
11　事業所ごとに配置される 重要事項の説明等をする職 員	(1)氏名	
	(2)要件	□実務経験（　　年、経験場所：　　　　　　　　　　） □教　　育（教育機関等：　　　　　　　　　　　　） □資　　格（団体等：　　　　　　　　　　　　　　）
12　営業時間		時から　　時までの間
13　犬猫等の繁殖を行うかど うかの別及び犬猫等健康安 全計画		別記2のとおり（犬猫等販売業者に限る。）
14　添　付　書　類		□登記事項証明書／□申請者が法第12条第1項第1号から第6号までに該当 しないことを示す書類／□動物取扱責任者が法第12条第1項第1号から第6 号までに該当しないことを示す書類／□業務の実施の方法／□飼養施設の平 面図／□飼養施設の付近の見取図／□役員の氏名及び住所／□犬猫等健康安 全計画（犬猫等販売業者に限る。） □その他（　　　　　　　　　　　　　）
15　備　　　　　考		

備　考
1　「3(2)要件」欄には、要件を満たす具体的な内容（教育機関及び専攻コースの名称、資格名等）を記入 すること。
2　「5(1)業務の具体的内容」欄には、申請に係る業務の内容をできるだけ具体的に記入すること。また、 販売業又は貸出業を営もうとする場合は、業務の実施の方法について本様式別記により明らかにした書類 を添付すること。
3　「6　主として取り扱う動物の種類及び数」欄には、事業所で主として取り扱う動物の種類（種名）を すべて記入すること。また、飼養施設を有している場合は動物の種類ごとに最大飼養保管数を、飼養施設 を有していない場合は1日当たりの最大取扱数を括弧書きで記入すること。なお、種の分類が困難な爬虫 類等の動物の種類については、科名、属名等で記入すること。
4　「7(2)⑤設備の種類」欄には、動物の愛護及び管理に関する法律施行規則第2条第2項第4号に掲げる 設備等を備えている場合に、備えている設備等にチェックをすることとし、ケージ等についてはその数を 記入すること。
5　「7(3)管理の方法」欄には、ケージ等の材質、構造及び転倒防止措置を記入すること。
6　「9　権原の有無」欄は、所有権、賃借権等事業の実施に必要な事業所及び飼養施設に係る権原の有無 についてチェックをすること。「9②飼養施設」欄は、飼養施設を有する場合にチェックをすること。
7　「10　事業所以外の場所において重要事項の説明等をする職員」及び「11　事業所ごとに配置される重 要事項の説明等をする職員」欄には、要件を満たす具体的な内容（教育機関及び専攻コースの名称、資格 名等）を記入し、必要に応じて成績証明書等を添付すること。また、該当する職員が複数名在籍する場合 は別紙に記載して添付すること。
8　「15　備考」欄には、次に掲げる事項を記入すること。
　(1)　申請する事業が、他の法令の規定により行政庁の許可、認可その他の処分又は届出を必要とするもの であるときは、その手続の進捗状況
　(2)　動物の愛護及び管理に関する法律第12条第1項第5号又は第6号に掲げる者に該当し、若しくは該当 した者である場合、又は同法に基づき第一種動物取扱業の登録を取り消され、若しくは業務の停止を命 じられたことがある場合は、その旨及び処分の日付
　(3)　事業所に配置される職員の最低数
　(4)　申請の際、事業所又は飼養施設が完成していない場合は、その竣工予定日
　(5)　この申請に係る事務担当者が申請者と異なる場合は、事務担当者の氏名及び電話番号
9　この様式による登録の申請は、第一種動物取扱業の種別ごと、事業所ごとに行うこと。ただし、同一の 事業所において複数の種別の業務を行う場合であって、これらに係る登録を同時に申請する場合は、申請 書は業種ごとに別葉で作成し、共通する添付書類についてはそれぞれ1部提出すれば足りるものとする。
10　この申請書及び添付書類の用紙の大きさは、図面等やむを得ないものを除き、日本工業規格A4とする こと。

③　動物取扱責任者の配置（4号）

　　事業所ごとに、1名以上の専属の常勤動物取扱責任者が配置されていなければなりません。

④　重要事項説明および動物取扱職員の配置（5号）

　　事業所ごとに、顧客に対し、適正な動物の飼養および保管の方法等にかかる重要事項を説明し、または動物を取り扱う職員として、次のいずれかの要件を満たす者が配置されていなければなりません（なお、事業所以外の場所において、顧客に対し、重要事項を説明し、動物を取り扱う職員についても、同様の基準が必要とされています（6号））。

　ⓐ　営もうとする種別に応じた半年間以上の実務経験があること（5号イ）

　ⓑ　営もうとする種別に関する知識および技術について、1年間以上教育する学校等を卒業していること（5号ロ）

　ⓒ　公平性および専門性を持った団体が行う試験によって、営もうとする第1種動物取扱業の種別に関する知識および技術を習得しているとの証明を得ていること（5号ハ）

⑤　事業の内容および実施の方法からして、必要な飼養施設を有し、営業の開始までにこれを設置する見込みがあること（7号）

　②について、従来から問題となっていた深夜販売や移動販売について、規制したものです。深夜営業や移動販売については、その必要性が少ないことに比べ、動物のストレス等動物の環境として劣悪といえる以上、規制すべきとの意見が強くあったことを受けて、定められました（中央環境審議会「動物愛護のあり方報告書」1頁）。

　また、④ⓒの団体認定資格について、現在、環境省では、27の団体による認定資格を認めています。どの団体でどのような認定資格を取得できるかについては、自治体のホームページなどで確認することができます（たとえば、東京都動物愛護相談センターホームページ）。認定資格については、短時間の研修と試験のみで取得できるものもあることから、動物取扱業を営むために最低限必要な知識も習得できないとして、見直すべきだとの意見も根強くあります（衆議院調査局環境調査室「動物の愛護及び管理をめぐる現状と課題」20頁）。

(c) 飼養施設の構造・規模・管理に関する事由

　動物愛護法12条１項では、登録申請の際の飼養施設の構造・規模・管理に関する基準に適合していない場合には、都道府県知事等は、登録を拒否しなければならないと定めています。悪質な環境での飼養については、登録を拒否しようとするものです（中央環境審議会「動物愛護のあり方報告書」４頁）。

　「基準」については、施行規則３条２項により、以下のように規定されています。

---

① 飼養施設は、施行規則１条２項４号イ〜ワに掲げる設備（申請書に添付した平面図・見取図の設備）等を備えていること（１号）

② ねずみ、はえ、蚊、のみなどが侵入するおそれがある場合は、その侵入を防止できる構造であること（２号）

③ 床、内壁、天井、付属設備は、清掃が容易であるなど、衛生状態の維持・管理がしやすい構造であること（３号）

④ 飼養または保管をする動物の種類・習性・運動能力・数などに応じて、その逸走を防止することができる構造・強度であること（４号）

⑤ 飼養施設等が、事業の実施に必要な規模であること（５号）

⑥ 飼養施設が、動物の飼養・保管に必要な空間を確保していること（６号）

⑦ 飼養施設に備えるケージ等が、次に掲げるとおりであること（７号）

　ⓐ 耐水性がないため洗浄が容易でないなど衛生管理上支障がある材質を用いていないこと（７号イ）

　ⓑ 底面は、ふん尿等が漏洩しない構造であること（７号ロ）

　ⓒ 側面または天井は、常時、通気が確保され、かつ、ケージ等の内部を外部から見通すことのできる構造であること。ただし、飼養または保管にかかる動物が傷病動物であるなど、特別の事情がある場合にはこの限りでない（７号ハ）。

　ⓓ 衝撃による転倒を防止するための措置がとられていること（７号ニ）

　ⓔ 動物によって容易に損壊されない構造・強度であること（７号ホ）

⑧ 構造および規模が、取り扱う動物の種類や数からして、著しく不適切なものでないこと（８号）

⑨ 犬または猫の飼養施設は、他の場所から区分する等の夜間（午後８時から午前８時まで）に、施設に顧客や見学者等を立ち入らせない措置がとら

れていること（販売業、貸出業、展示業を営もうとする者であって夜間に
営業しようとする者に限る）（9号）

①のとおり、法令上は、飼養施設についての平面図および見取図を提出さ
せ、それを維持させるという規制ができています。そして、それを具体的に
定めたものが、「第1種動物取扱業者が遵守すべき動物の管理の方法等の細
目」です。しかし、この細目では、設備の構造や規模等について、具体的な
数値まで定められていません。その意味では、基準として不明確であり、今
後の課題といえるでしょう。

(d)　犬猫等健康安全計画に関する事由

動物愛護法12条1項では、犬猫等販売業者に対して、その犬猫等健康安全
計画が、幼齢の犬猫等の健康および安全の確保並びに犬猫等の終生飼養の確
保を図るための基準に適合しない場合に、都道府県知事等は、登録を拒否し
なければならないと定めています。そして、基準については、施行規則3条
3項により、次のように定められています。

① 犬猫等健康安全計画が、動物の健康および安全の保持その他動物の適正
　な取扱いを確保するため必要なものとして定める基準（施行規則3条1項）、
　飼養施設の構造、規模および管理に関する基準（同条2項）並びに施行規
　則8条の基準に適合するものであること（1号）
② 犬猫等健康安全計画が、幼齢の犬猫等の健康および安全の保持を確保す
　るうえで明確かつ具体的であること（2号）
③ 犬猫等健康安全計画に記載された販売が困難になった犬猫等の取扱いが、
　犬猫等の終生飼養を確保するために適切なものであること（3号）

(e)　申請書または添付書類に虚偽記載がある場合、重要な事実の記載が
　欠けている場合（12条1項）

申請書または添付書類に虚偽記載がある場合や、重要な事実の記載が欠け
ている場合については、登録要件を満たしていないとして、都道府県知事等
は、当然に、登録を拒否しなければなりません（動物愛護法12条1項）。

(v)　登録の実施

　都道府県知事等は、登録申請があった場合には、登録拒否事由があるとき
を除いて、氏名または名称などの所定の事由、登録年月日および登録番号を、
第1種動物取扱業者登録簿に登録し、申請者に通知しなければなりません
（動物愛護法11条）。登録されると、申請者には、登録証が交付されます（施
行規則2条5項）。

　第1種動物取扱業者登録簿は、一般に閲覧することができます（動物愛護
法15条）。閲覧の仕方は、各都道府県等によって異なりますが、動物愛護管
理センターの窓口への備え付け、ホームページへの掲載などによってなされ
ています。

(B)　登録の更新

　第1種動物取扱業の登録は、5年ごとに更新を受けなければなりません
（動物愛護法13条1項）。更新を受けなければ、期間の経過によって、登録の
効力は失われます。

(C)　変更の登録

　第1種動物取扱業者が、動物愛護法10条2項4号の登録申請事項（営もう
とする業の種別）を変更する場合や飼養施設を設置しようとする場合、犬猫
等販売業を始めようとする場合には、あらかじめ都道府県知事等に対して、
届出をしなければなりません（同法14条1項）。ただし、軽微な変更について
は、事前に届け出ることまでは不要とされています。

　届出書および添付書類については、施行規則5条で規定されています。添
付書類としては、業の種別を変更する場合には、業務の実施方法を明らかに
した書類（同条2項1号）、飼養施設を設置しようとする場合には、飼養施設
に関する平面図や見取図（同条2項2号）が必要となります。

　軽微な変更や、動物愛護法10条2項（4号を除きます）等の事由の変更が
あった場合には、あらかじめ届出をする場合以外は、施行規則5条5項に定
める書類を添えて、30日以内に、都道府県知事等に届け出なければなりませ
ん（同法14条2項）。

第2章　動物愛護法の解説

　ここでいう「軽微な変更」に該当する場合は、施行規則5条4項で定められています。具体的には、次のとおりです。

---

① 飼養施設の規模の増大であって、増大する部分の床面積が、登録（あるいは変更届出）のときから通算して、登録等のときの延べ床面積の30％未満であるもの（1号）

② ケージ等、洗浄設備、消毒設備、汚物等の廃棄物の集積設備、動物の死体の一時保管場所、餌の保管設備、清掃設備、空調設備および訓練場についての変更であって、次に掲げる部分の床面積が、登録を受けたときから通算して、飼養施設の延べ床面積の30％未満であるもの（2号）
　ⓐ 設備等の増設
　ⓑ 設備等の配置の変更

③ 照明設備または遮光のため、もしくは風雨をさえぎるための設備の増設、配置の変更（3号）

④ 飼養施設の設備等についての変更であって、現在の設備等と同等以上の機能を有する設備等への改設（4号）

⑤ 飼養施設の管理の方法の変更（5号）

⑥ 営業時間の変更であって、その変更する営業時間が夜間に含まれないもの（6号）

　なお、犬猫等販売業を営む者が、犬猫等販売業をやめるときには、その日から30日以内に、届出をしなければなりません（動物愛護法14条3項。ただし、同法16条による廃業届出をする場合を除きます。☞後記(E)）。

(D)　登録の取消し、業務停止命令

　都道府県知事等は、第1種動物取扱業者に次の事由が認められる場合には、その登録を取り消し、または6カ月以内の期間を定めて、業務の全部または一部の停止を命じることができます（動物愛護法19条）。ただし、動物愛護法の規定では、処分は必要的でなく任意のものとされています。そのため、都道府県知事等が適切に対応するかという姿勢によることとなり、都道府県知事等による積極的な対応を期待せざるを得ません。

① 不正の手段により第1種動物取扱業者の登録を受けた場合
② 業務内容および実施方法が、動物愛護法12条1項に規定する動物の健康・安全の保持、その他動物の適正な取扱いを確保するために必要な基準（施行規則3条1項）に適合しなくなったとき
③ 飼養施設を設置している場合において、その飼養施設の構造・規模・管理の方法が、動物愛護法12条1項に規定する飼養施設に関する基準（施行規則3条2項）に適合しなくなったとき
④ 犬猫等販売業を営んでいる場合に、犬猫等販売計画が、動物愛護法12条1項に規定する幼齢の犬猫等の健康・安全の確保、犬猫等の終生飼養の確保を図るための基準（施行規則3条3項）に適合しなくなったとき
⑤ 動物愛護法12条1項1号・2号・4号・6号～8号の登録拒否事由のいずれかに該当することになったとき
⑥ 動物愛護法もしくはこの法律に基づく命令、または動物愛護法に基づく処分に違反したとき

　都道府県知事等は、動物愛護法19条の処分をした場合には、第1種動物取扱業者に対して、遅滞なく、その理由を示して、通知しなければなりません（同法19条2項・12条2項）。業務停止命令を受けたにもかかわらず、従わない場合には、100万円以下の罰金に処せられます（同法46条3号）。

　また、第1種動物取扱業者は、登録の取消しを受けた場合には、登録証を返納しなければなりません（施行規則2条9項1号）。

⒠　廃業の届出

　第1種動物取扱業者に以下の事由が生じた場合には、30日以内に、その旨を都道府県知事等に届け出なければなりません（動物愛護法16条）。そして、これらの事由が生じた場合には、第1種動物取扱業者の登録の効力は失われます。また、廃業したときは、登録証を、都道府県知事等に返納しなければなりません（施行規則2条9項2号）。

① 死亡した場合〈届出者：相続人〉
② 法人が合併によって消滅した場合〈届出者：その法人を代表していた者〉
③ 法人が破産手続で解散した場合〈届出者：破産管財人〉

④　合併、破産以外の理由による解散をした場合〈届出者：清算人〉
⑤　登録にかかる第1種動物取扱業を廃止した場合〈届出者：取扱業者であった個人または法人の代表者〉

　なお、廃業に関する届出をせず、または虚偽の届出をした場合には、20万円以下の過料に処せられます（動物愛護法49条1号）。

(3)　第1種動物取扱業者の責務

(A)　共通の責務

(i)　標識の掲示

　第1種動物取扱業者は、事業所ごとに、公衆の見やすい場所に標識を掲げなければなりません（動物愛護法18条）。これは、第1種の登録を受けた動物取扱業者であることを、一般の人にもその場でわかるようにするために設けられた措置です。事業所以外の場所で営業をする場合には、標識の代わりに、識別章を、顧客と接するすべての職員について、その胸部など顧客から見やすい位置に掲示しなければなりません。

(a)　掲示の方法

　事業所ごとに、その事業所の顧客の出入口から見やすい位置に掲示しなければなりません。

(b)　標識の内容

　標識の記載内容については、施行規則7条で、次のように規定されています（☞資料2）。

①　第1種動物取扱業者の氏名（法人の場合には名称）（1号）
②　事業所の名称・所在地（2号）
③　登録にかかる第1種動物取扱業の種別（3号）
④　登録番号（4号）
⑤　登録の年月日および有効期間の末日（5号）
⑥　動物取扱責任者の氏名（6号）
識別章の場合には、①〜⑤を記載することになります（様式10）。

【資料2】第1種動物取扱業者の標識（ひな形）

第一種動物取扱業者標識	
①　氏名又は名称	
②　事業所の名称	
③　事業所の所在地	
④　第一種動物取扱業の種別	
⑤　登録番号	
⑥　登録年月日	年　　　月　　　日
⑦　有効期間の末日	年　　　月　　　日
⑧　動物取扱責任者	

備考　この標識の大きさは、日本工業規格A4以上とすること。

(c)　罰　則

　第1種動物取扱業者が標識を掲げない場合には、10万円以下の過料に処せられます（動物愛護法50条）。

(ii)　基準の遵守

　第1種動物取扱業者は、動物の健康および安全を保持するとともに、生活環境の保全に支障が生じることを防止するため、飼養施設の構造・規模・管理方法、動物の飼養および保管の方法等について、定められている基準を遵守しなければなりません（動物愛護法21条1項）。基準については、動物愛護および適正飼養の観点を踏まえつつ、動物の種類、習性、出生後経過した期間等を考慮して、以下の事項について定めるものとしています（同条2項）。

①　飼養施設の管理、飼養施設に備える設備の構造および規模並びに当該設備の管理に関する事項
②　動物の飼養または保管に従事する従業員の員数に関する事項

③　動物の飼養または保管をする環境の管理に関する事項

④　動物の疾病等に係る措置に関する事項

⑤　動物の展示または輸送の方法に関する事項

⑥　動物を繁殖の用に供することができる回数、繁殖の用に供することができる動物の選定その他の動物の繁殖の方法に関する事項

⑦　その他動物の愛護および適正な飼養に関し必要な事項

　なお、犬猫販売業者の場合はできる限り具体的なものでなければならないとしています（動物愛護法21条3項）。

　また、具体的な基準については、施行規則8条により、次のように定められています。

㋐　販売業者にあっては、離乳等を終えて、成体が食べる餌と同様の餌を自力で食べることができるようになった動物（哺乳類に属する動物に限る）を販売すること（1号）

㋑　販売業者および貸出業者にあっては、飼養環境の変化や輸送に対して十分な耐性が備わった動物を販売・貸出しすること（2号）

㋒　販売業者および貸出業者にあっては、2日間以上、動物の状態を観察し、下痢、嘔吐、四肢の麻痺など健康上の問題があることが認められなかった動物を販売・貸出しすること（3号）

㋓　販売業者、貸出業者、展示業者にあっては、犬または猫の展示を行う場合には、午前8時〜午後8時に行うこと（4号）

㋔　販売業者にあっては、第1種動物取扱業者に動物を販売しようとする場合には、当該販売をしようとする動物について、その生理・生態・習性等に合った適正な飼養または保管が行われるように、契約にあたって、あらかじめ、その動物の特性や状態に関する情報を、文書を交付して説明するとともに、当該文書を受領したことについて確認を行わせること（☞後記(D)）

㋕　販売業者にあっては、動物愛護法21条の4の規定に基づき情報を提供した際は、当該情報提供を受けたことについて、顧客に署名等による確認を行わせること（6号）

㋖　販売業者にあっては、契約にあたって、飼養または保管をしている間に疾病等の治療やワクチンの接種等を行った場合には、獣医師が発行した治療やワクチン接種等の証明書を顧客に交付すること。また、当該動物の仕

入先から受け取った治療やワクチン接種等についての証明書がある場合には、これも交付すること（7号）

㋝　貸出業者にあっては、貸出しをしようとする動物の生理、生態、習性等に合った適正な飼養または保管が行われるように、契約にあたって、あらかじめ、次に掲げる動物の特性や状態に関する情報を提供すること（8号）

ⓐ　品種等の名称

ⓑ　飼養また保管に適した飼養施設の構造および規模

ⓒ　適切な給餌および給水の方法

ⓓ　適切な運動および休養の方法

ⓔ　主な人と動物の共通感染症その他の当該動物がかかるおそれの高い疾病の種類およびその予防方法

ⓕ　遺棄の禁止その他当該動物に係る関係法令の規定による規制の内容

ⓖ　性別の判定結果

ⓗ　不妊または去勢の措置の実施状況（哺乳類に限る）

ⓘ　ワクチンの接種状況

ⓙ　ⓐ〜ⓘに掲げるもののほか、その動物の適正な飼養または保管に必要な事項

㋘　競りあっせん業者にあっては、実施した競りにおいて売買が行われる際に、販売業者により、㋝の説明が行われていることを確認すること（9号）

㋙　㋝の説明および第1種動物取扱業者による確認、情報提供および情報提供についての顧客による確認並びに貸出しに係る契約時の情報提供の実施状況について、記録した台帳を作成し、当該販売や貸出しについての顧客を明確にして、5年間保管すること。競りあっせん業者にあっては、実施した競りにおいて売買された動物について、販売に係る契約時の説明および顧客による確認に係る文書の写しを、販売業者から受け取るとともに、当該写しに係る販売業者および顧客を明確にしたうえで、これを5年間保管すること。ただし、犬猫等販売業者が犬猫等の個体に関する帳簿を備え付けている場合は、この限りでない（10号）

㋚　動物の仕入れや販売等の取引を行うにあたっては、あらかじめ、取引の相手方が動物の取引に関する関係法令に違反していないことおよび違反するおそれがないことを聴取し、違反が確認された場合は、その相手方と取引を行わないこと（11号）

㋛　㋐〜㋚に掲げるもののほか、動物の管理の方法等に関し環境大臣が定め

第2章　動物愛護法の解説

> る細目を遵守すること（12号）

を受けて、「動物取扱業者の遵守すべき動物の管理の方法等の細目」が定められています。

なお、2019年の動物愛護法改正の際に新設された同法21条3項を受けて、今後、施行規則8条や細目が、より具体的な内容に改正される可能性があります。

(iii)　動物取扱責任者

第1種動物取扱業者は、事業所ごとに、十分な技術的能力および専門的な知識経験を有する者のうちから1名以上の常勤の動物取扱責任者を選任しなければなりません（動物愛護法22条、施行規則3条）。これは、登録を受けた第1種動物取扱業者は動物を扱うプロであり、より適正な取扱いが求められることから、義務付けをしたものです。2019年改正で十分な技術的能力および専門的な知識経験を有する者のうちから選任するものとして、適正飼養のさらなる促進のために選任要件の充実を図りました。

動物取扱責任者は、施行規則3条1項5号で定めるような必要な経験（☞前記(2)(A)(iv)(b)）を積んでおり、他の職員に対して、責任者研修で得た知識および技術を指導する能力を有する必要があります（施行規則9条）。

第1種動物取扱業者は、動物取扱責任者に対して、都道府県等が開催する研修会を年1回以上、1回あたり3時間以上、受講させなければなりません（施行規則10条3項）。研修内容は、動物愛護法令、飼養施設の管理方法、動物の管理方法、その他業務の実施に関するものです。この研修については、2012年の動物愛護法改正に至る議論の中で、より実質的な実施内容とし、種別ごとに細分化すべき（たとえば動物園・水族館・獣医などは緩和するなど）との意見も出ていました（中央環境審議会「動物愛護のあり方報告書」7頁、衆議院調査局環境調査室「動物の愛護及び管理をめぐる現状と課題」81頁）が、法改正には至りませんでした。

法で具体的な内容まで定められていない以上、研修を実施する都道府県等

としては、より有意義な研修を行うための工夫をすることが求められます。
2019年改正では、研修について、全部または一部を委託することができると
しました（動物愛護法22条4項）。研修内容について一律化していることで、
業種や動物種ごとに異なる業の実態と乖離していたり、マンネリ化を招いて
いたりする場合がありうるためです。

(B)　感染病の予防

　第1種動物取扱業者は、取り扱う動物の健康状態を日常的に把握し、必要
に応じて、獣医師による診療を受けさせ、ワクチン接種などその取り扱う動
物の感染性の疾病の予防のために必要な措置を適切に実施するように努めな
ければなりません（動物愛護法21条の2）。これは、飼養する動物の間で、あ
るいはその他の動物に、感染性の疾病が蔓延しないようにさせるものです。

(C)　動物を取り扱うことが困難になった場合

　第1種動物取扱業者は、廃業などで業を続けることができなくなった場合、
動物の譲渡しなどを行うように努めなければなりません（動物愛護法21条の
3）。これは、業として継続できなくなった場合に、動物の行き先に困って
遺棄するなどということのないよう、あらかじめ譲渡先の検討をしておくよ
うに定めたものです。

(D)　販売に際しての情報提供

　第1種動物取扱業者のうち、犬猫など一定の動物の販売を業として営むも
のは、それらの動物を販売する場合には、あらかじめ、顧客に対して、その
動物の現在の状況を直接見せるとともに、その事業所において、対面により、
書面等を用いて、それらの動物の飼養・保管の方法など必要な情報を提供し
なければなりません（動物愛護法21条の4）。

　これは、動物の販売にあたって現物確認と対面説明を定めたものです。

　動物は、一般の商品とは異なり、その個体ごとに特徴や癖などの個性があ
りますし、過去にけがをしていたり、病気に罹患していることもあります。

　動物愛護法では、都道府県等は、犬猫の引取りを所有者から求められた場
合（安易な飼養開始をした所有者からの引取りを除く）等には、これを引き取

らなければならず（35条）、このような措置によって引き取られた犬や猫は、譲渡先等が見つからない限り、殺処分されてしまうことになります。こういった殺処分を減らすには、所有者による引取りの求めや飼養放棄、虐待を減らす必要があります。所有者による引取りの求め、飼養放棄、虐待は、安易に飼養を開始したり、動物の特性などに無理解な飼養をすることが大きな原因となっていることもあります。そこで、動物の購入にあたり、現物を確認させるとともに、対面での説明を求めることで、動物の適正な販売を確保したのです。

　また、これは、インターネット販売の適正化も目的としています。インターネットによる通信販売では、動物の健康状態を確認しないままでの販売、過酷な飼養環境での輸送など、動物愛護の観点からの問題が従前から問題視されていました。そして、顧客と直接に対面しないインターネット販売では、説明責任も十分に果たされていないことがしばしばでした。そこで、動物愛護法21条の4が新しく規定されたことによって、インターネット上のやりとりだけでは、販売はできないことになりました。現物確認と対面説明を求めることで適正化が図られたのです。

　対象となる動物は、哺乳類、鳥類または爬虫類に属する動物です（施行規則8条の2第1項）。

　説明しなければならない「必要な情報」とは、以下の18項目です（施行規則8条の2第2項）。

①　品種等の名称（1号）
②　性成熟時の標準体重、標準体長その他の体の大きさに関する情報（2号）
③　平均寿命などの飼養期間に関する情報（3号）
④　飼養または保管に適した飼養施設の構造および規模（4号）
⑤　適切な給餌および給水の方法（5号）
⑥　適切な運動および休養の方法（6号）
⑦　人と動物の主な共通感染症、その他、その動物がかかるおそれの高い疾病の種類およびその予防方法（7号）
⑧　不妊または去勢の措置の方法と費用（哺乳類の場合）（8号）

⑨　⑧のほか、みだりな繁殖を制限するための措置（不妊または去勢の措置を実施している場合を除く）（9号）

⑩　遺棄の禁止など、その動物にかかわる法規制の内容（10号）

⑪　性別の判定結果（11号）

⑫　生年月日（12号）

⑬　不妊または去勢の措置の実施状況（哺乳類の場合）（13号）

⑭　繁殖を行った者の氏名または名称、登録番号または所在地（14号）

⑮　所有者の氏名（自己の所有しない動物を販売しようとする場合）（15号）

⑯　当該動物の病歴、ワクチンの接種状況等（16号）

⑰　当該動物の親および同腹子についての遺伝性疾患の発生状況（17号）

⑱　①〜⑰に掲げるもののほか、その動物の適正な飼養・保管に必要な事項（18号）

　説明を行うのは、施行規則3条1項5号で定めるいずれかの者（☞前記(2)(A)(iv)(b)）でなければなりません（同項6号）。

コラム④　動物を購入するときにチェックすべき点

　環境省「動物の愛護及び管理に関する法律のあらまし　平成24年版」15頁では、動物を購入する際に、購入者が確認すべき事項を、以下のようにあげています。動物を入手する方法はいろいろありますが、ペットショップやブリーダーなどの第1種動物取扱業者から購入するときは、きちんとした業者か確認しましょう。

①　標識や名札（識別票）はありますか？

　都道府県知事等の登録を受けている業者以外は販売できません。登録を受けた業者は、登録番号などを記した標識を掲示しています。

②　幼すぎる動物は売られていませんか？

　離乳前の幼すぎる動物は販売してはいけません。また、生後56日（2016年8月31日までは45日、それ以降法に定める日までの間は49日）に満たない犬と猫の展示・販売は禁止されています。

③　ケージは十分な広さがあり清潔ですか？

　動物が立ったり寝たりするのに十分な空間を確保し、1日1回以

上清掃を行わなくてはなりません。

④　犬と猫は朝8時から夜8時までの展示をしていますか？

犬と猫の午後8時から午前8時（2014年5月31日までは、成猫が休息できる場所に自由に移動できる状態で展示する場合（猫カフェ等）は、午後10時までは規制の対象外となります）までの展示や、顧客と接触させたり、引き渡すことは禁止されています。

⑤　購入する前に対面説明と現物確認はありましたか？

販売者は、販売する前に購入者に対し、動物の状況を直接見せるとともに、動物の健康状態やワクチン接種の有無、飼い方、標準体重・体長など18項目の説明を、対面で、文書などを用いてしなくてはなりません。

販売業者は、動物愛護法21条の4の情報を提供した場合には、情報提供を受けたことについて、顧客に署名等による確認を行わせなければなりません（施行規則8条6号）。通常は、説明書を準備しておき、説明をしたのちに、説明書に顧客から署名をもらうようです。説明に関しては、環境省ホームページ（「第1種動物取扱業者の規制」のページ）に「ペット動物販売業者用説明マニュアル」が掲載されており、参考になります。

犬猫等販売業者は、情報提供や顧客による確認の実施状況について、帳簿を備えて記録し、それを5年間保管しなければなりません（動物愛護法22条の6第1項・2項、施行規則10条の2第1項10号）。

第1種動物取扱（販売）業者が、これらの現物確認と対面説明を行っていない場合には、都道府県知事等は、その者に対して、必要な措置をとるように勧告することができます（同法23条2項）。そして、勧告を受けた販売業者が、その勧告に従わないときには、その勧告についての措置をとるように命じることができます（同条3項）。また、措置命令を受けた販売業者がこの命令に従わない場合には、100万円以下の罰金に処せられます（同法46条4号）。

⒠　動物に関する帳簿の備付け

（ⅰ）　帳簿の作成・保存

⒜　内容・趣旨

　動物販売業者（第1種動物取扱業者のうち動物の販売、貸出し、展示その他政令で定める取扱いを業として営む者）は、環境省令で定めるところにより、帳簿を備え、その所有し、または占有する動物について、その所有し、もしくは占有した日、その販売もしくは引渡しをした日または死亡した日その他環境省令で定める事項を記載し、保存しなければなりません（動物愛護法21条の5第1項）。従来、犬猫等販売業者に義務付けられていた個体に関する帳簿の備付け等について、2019年改正で対象とする動物を動物全般に、対象範囲を動物販売業者に拡大したものです。これは、第1種動物取扱業者に対する都道府県知事による指導監督を円滑化させるとともに、適正飼養の促進を図る目的で規定されたものです。

　そして、動物販売業者は、環境省令で定めるところにより、環境省令で定める期間ごとに、以下の事項を都道府県知事に届け出なければならないとしています（動物愛護法21条の5第2項）。

> ①　当該期間が開始した日に所有し、または占有していた動物の種類ごとの数
> ②　当該期間中に新たに所有し、または占有した動物の種類ごとの数
> ③　当該期間中に販売もしくは引渡しまたは死亡の事実が生じた動物の当該事実の区分ごとおよび種類ごとの数
> ④　当該期間が終了した日に所有し、または占有していた動物の種類ごとの数
> ⑤　その他環境省令で定める事項

　記載事項および方法については、犬猫は個体ごとに記載し、犬猫以外の動物は同時期に所有し、または占有した動物の種類ごとに記載するものになるでしょう。

　帳簿の保存期間は、5年間、保存方法についてはパソコンなど電磁的方法による記録も認められるでしょう。

(ii)　帳簿の作成・保存義務に違反した場合

　帳簿を作成しなかった場合や作成したものの適切に記載していなかった場合、虚偽の記載をした場合、帳簿を保存しなかった場合には、20万円以下の過料に処せられます（動物愛護法49条2号）。

(F)　都道府県等による勧告・命令

(i)　勧　告

　第1種動物取扱業者が、動物を管理するのに法令や条例で定める基準（動物愛護法21条1項・4項）を遵守していないと認めるときは、都道府県知事等は、その者に対して、期限を定めて、改善するように勧告することができます（同法23条1項）。

　第1種動物取扱業者が、購入者に対して必要な情報提供（動物愛護法21条の4）をしていない場合もしくは動物取扱責任者研修（同法22条3項）を受けさせていない場合、または、犬猫等販売業者が週齢規制（同法22条の5）の規定を遵守していないと認めるときは、都道府県知事等は、その者に対して、期限を定めて、必要な措置をとるように勧告することができます（同法23条2項）。期限については、3月以内とされています（同法23条5項）。

(ii)　公　表

　都道府県知事等は、第1種動物取扱業者が、勧告を受けたにもかかわらず、定められた期限内にこれに従わなかったときは、その旨を公表することができます（動物愛護法23条3項）。

(iii)　命令、罰則

　都道府県知事等は、第1種動物取扱業者（犬猫等販売業者を含む）が、動物愛護法23条1項および2項の勧告を受けたにもかかわらず、それに従わないときは、3月以内の期限を定めて、勧告についての措置をとるように命じることができます（同法23条4項、5項）。そして、命令を受けた第1種動物取扱業者（犬猫等販売業者を含む）が、この命令に違反したときには、罰則が科されます（同法46条4号）。

ⅳ　現在の制度で十分か

　悪質な動物取扱業者に罰則を科すことができるのは、動物取扱業者が命令に従わない場合となります。ですから、命令をするための①勧告違反、罰則を科すための②命令違反という2つの段階を満たした場合でなければなりません。

　しかも、動物愛護法23条で定める勧告・命令は、いずれも「できる」のであり、必要的ではありません。その意味で、現制度では、勧告違反や命令違反があったといえる場合においては、動物取扱業者に対する行政の対応に期待せざるを得ないところです。

　ただ、現在の登録制が、そもそも許可した者だけに取扱いを認める許可制に代わる実質的なものとして、悪質な取扱業者は出さないことを目的につくられた制度である以上、不適正な動物取扱業者に対しては、都道府県知事等は積極的に上記の措置をとっていくことが求められます。

Ⓖ　都道府県等による報告・立入検査

　都道府県知事等は、必要な限度において、第1種動物取扱業者に対し、飼養施設の状況、取り扱う動物の管理の方法等に関して、報告を求めることができます。また、事業所等に立ち入り、飼養施設その他の物件を検査することができます（動物愛護法24条1項）。

　これは、第1種動物取扱業者に課せられている基準遵守義務の実効性を確保するために定められたものです。基準が遵守されることを徹底するには、定期的に報告をさせたり、検査するのが一番ですが、本条では、定期的な報告を求めない代わりに、必要な場合に報告を求めたり、立入検査をすることができるとして、動物取扱業者の負担を少なくしつつ、実効性を確保しようとしているのです。

　なお、この立入検査は、犯罪捜査のためのものとして認められたものではありません。あくまで基準を遵守させるという行政目的の手続です。

㈎　第1種動物取扱業の登録取消等後の勧告

(ⅰ)　勧告・命令

　都道府県知事等は、第1種動物取扱業者について、登録更新をしない（動物愛護法13条1項）・廃業（同法16条2項）により登録の効力が失われたとき、登録取消しをされたとき（同法19条1項）、その者に対し、事由が生じたときから2年間の期限を定めて、動物の不適正な飼養または保管により動物の健康および安全が害されること並びに周辺の生活環境の保全上の支障が生ずることを防止するために必要な勧告をすることができます（同法24条の2第1項）。

　そして、勧告を受けた者が正当な理由がなくてその勧告に係る措置をとらなかったときには、措置命令をすることができます（同条2項）。

(ⅱ)　検　査

　都道府県知事は、必要な限度において、登録更新をしない（動物愛護法13条1項）・廃業（同法16条2項）により登録の効力が失われたとき、登録取消しをされたとき（同法19条1項）、その者に対し、飼養施設の状況、その飼養もしくは保管をする動物の管理の方法その他必要な事項に関し報告を求め、飼養施設設置場所等に立ち入り検査をすることができます（同法24条の2第3項）。

（第2章Ⅱ2(1)〜(3)　辻本雄一）

⑷　犬猫等販売業者に対する規制

㈎　犬猫等販売業者の責務

　第1種動物取扱業者のうち、犬猫等販売業者には特別にいくつか規定が定められています（動物愛護法10条3項等）。この犬猫等販売業者の特例は、動物愛護法の2012年改正で設けられたものです。

　特別に規定が設けられたのは、第1種動物取扱業のうち、特に犬猫の繁殖・販売を行う事業者は、飼養環境の影響を受けやすい幼齢期の個体を多く取り扱うことや、販売が困難になった場合を想定せずに飼養を続けて、万一飼養が難しくなった場合に動物の飼養環境や周辺の生活環境へ与える影響が

大きいこと、さらに、一部で劣悪な環境での過剰頻度での繁殖が見られたこともあったことなどの理由から、追加的な義務を課す必要があると考えられたためです。

　犬猫等販売業者は取り扱う個体の数が大量になることが多く、販売が困難となる犬猫（売れ残りの犬猫）を生じさせないよう適切に管理・飼養することで、犬猫の殺処分頭数の減少につなげることができます。また、購入予定者に対して、動物の飼養方法などの適切な情報を提供することにより、安易な動物の購入を防ぎ、飼い主による飼育放棄を予防することもできます。犬猫等販売業者は、殺処分数の減少に積極的にかかわることのできる重要な立場ですから、そのことを認識したうえで業務を行う必要があるでしょう。

(B)　犬猫等販売業者とは

　特例の対象になる販売業者とは、「犬猫等」を取り扱う者とされています。この「犬猫等」は、法律上、犬猫および「環境省令で定める動物」（動物愛護法10条3項）とされていますが、2019年10月現在、環境省令（施行規則）で特に規定は設けられていないため、犬猫のみが対象となります。

　販売のみを行うペットショップも、繁殖して販売するブリーダーも、この犬猫等販売業者に含まれます。

(C)　登録手続──犬猫等健康安全計画の作成

　犬猫等販売業を営むために都道府県等に申請をする場合、①第1種動物取扱業者の登録に必要な申請書（☞前記(2)(A)(ⅱ)）に、販売するための犬猫等の繁殖を行うかどうかを記載し、あわせて、②犬猫等健康安全計画を作成しなければなりません（動物愛護法10条3項2号）。

(ⅰ)　犬猫等健康安全計画の内容

(a)　内容が適切であること

　犬猫等健康安全計画の内容は、幼齢の犬猫等の健康・安全の確保や犬猫等の終生飼養の確保を図るために適切なものでなければなりません（動物愛護法12条1項本文）。具体的には、次の3点を守らなければなりません（施行規則3条3項1号～3号）。

① 動物の適正な取扱いを確保するために必要な基準（施行規則3条1項）、飼養施設の構造・規模・管理に関する基準（同条2項）、動物の管理方法に関する基準（施行規則8条）に定める基準に適合していること
② 幼齢の犬猫等の健康・安全の保持の確保上明確かつ具体的であること
③ 販売することが困難になった犬猫等の取扱いが、終生飼養を確保するために適切なものであること

(b)　動物の管理の方法等

　飼養施設の管理の方法や施設の構造・規模（上記(a)①）などについては、さらに、「第1種動物取扱業者が遵守すべき動物の管理の方法等の細目」（2006年環境省告示）にも詳細な基準が示されています。犬猫等販売業者は、この細目の内容も守らなければなりません。

　なお、この細目は、法律上「告示」といい、国や地方公共団体などの公の機関が、必要な事項を公示する行為またはその行為の形式のことをいいます。告示には、㋐法律や施行規則などと同じく法的な拘束力を有する場合と、㋑一定の事項を広く一般に公示することを目的として法的な拘束力を有しない場合とがあります。

　上記の細目は、動物愛護法や動物愛護法施行規則に基づいて定められたものですので、㋐法的拘束力を有する場合に当たるといえます（動物愛護法12条1項、施行規則3条3項・8条12号）。そのため、犬猫等健康安全計画の内容は、この細目も守らなければならないこととなります。

　「第1種動物取扱業者が遵守すべき動物の管理の方法等の細目」は、環境省ホームページ（「第1種動物取扱業者の規制」のページ）に掲載されています。

(c)　申請先、書式（☞資料3）

　犬猫等健康安全計画は、第1種動物取扱業の登録の申請書類とあわせて提出します。提出先は、事業所の所在地を管轄する都道府県知事等です（動物愛護法10条3項。なお、すでに第1種動物取扱業の登録を受けていて、新たに犬猫等販売業の営業を開始する場合は、変更の届出をしなければなりません（同法14条1項））。

【資料3】犬猫等健康安全計画の様式

```
                                            年　　月　　日

                犬 猫 等 健 康 安 全 計 画

  氏　　　　　名
  （法人にあっては、名称及び代表者の氏名）
  住　　　　　所　〒
  電話番号

  犬猫等の繁殖を行うかどうか　　□ 繁殖を行う　　□ 繁殖を行わない
```

項　　目	計 画 の 内 容
1　幼齢の犬猫等の健康及び安全を保持するための体制の整備	
2　販売の用に供することが困難となった犬猫等の取扱い	
3　幼齢の犬猫等の健康及び安全の保持に配慮した飼養、保管、繁殖及び展示方法	

　書式は、環境省ホームページ（「第1種動物取扱業者の規制」のページ）、各都道府県ホームページに掲載されています。

　(ⅱ)　**具体的な記載事項**

　犬猫等健康安全計画には、次の3点を記載する必要があります（動物愛護法10条3項2号、施行規則2条の2）。

①　幼齢の犬猫の健康・安全を保持するための体制の整備（繁殖もあわせて行う場合には、繁殖のために飼養する犬猫（母犬・母猫）についても同様）

　　犬猫等の管理体制等（確認の頻度、健康状態の記録方法、飼養保管を行う担当職員の具体的な役割分担等）や獣医師等との連携状態について記載します（以下の記載例は、東京都動物愛護相談センターホームページを参考

にしたものです)。

〔記載例〕
・幼齢の犬猫等の管理について担当する職員がおり、その健康状態について毎日〇回確認を行う。
・〇〇動物病院と診療契約を締結している。

② 販売することが困難となった犬猫等の取扱い

仕入れ数の調整など需給調整の方法、販売や繁殖が困難になった犬猫の取扱い（譲渡先、飼養施設の確保など）について記載します。

〔記載例〕
・系列店舗、近隣のペットショップと協力し、譲渡会を開催する。
・売れ残った犬猫等がいる場合には、仕入れ数（繁殖数）を調整する。

③ 幼齢の犬猫等の健康・安全の保持に配慮した飼養・保管・繁殖・展示の方法

親などと一緒に飼養するのに十分な大きさのケージの確保、繁殖方法（具体的な繁殖回数、幼齢・高齢期の繁殖制限、繁殖についての獣医師による立会いや健康診断など）、展示時間の考慮などについて記載します。その他、幼齢動物の販売規制によりまだ販売できない幼齢の犬猫の取扱方法、ワクチン接種の実施方法などについても記載する必要があります。

〔記載例〕
・生後56日までの間は親兄弟等と飼養し、離乳等を終えた動物を販売に供する。
・繁殖に供する期間は〇歳までとし、年間複数回繁殖に供する場合には、獣医師の判断を仰ぐ。
・展示時間中は、〇時間ごとに〇分ずつ展示を行わない時間を設ける。

(ⅲ)　登録が拒否される場合

犬猫等健康安全計画が、(ⅰ)の(a)・(b)に適合していない場合には、犬猫等販売業者としての登録が拒否されます（動物愛護法12条1項本文）。

　もちろん、第1種動物取扱業者としての登録の要件を満たしていない場合にも、登録は拒否されます（☞前記(2)）。

⒟　マイクロチップの装着義務、登録変更義務

　犬猫等販売業者は、犬猫を取得したとき、犬猫にマイクロチップを装着し、環境大臣の登録を受ける必要があります（動物愛護法39条の2第1項、39条の5第1項）。

　すでに登録を受けた犬猫を取得した犬猫等販売業者は、登録変更をしなければなりません（動物愛護法39条の6第1項）。

　つまり、犬猫のブリーダーもペットショップにも、マイクロチップの装着義務が課されています。また、ペットショップが、マイクロチップの装着および登録がなされた犬猫を取得する場合には、登録変更をしなければなりません。

　マイクロチップに関しては、後述(6)を参照してください。

⒠　その他の責務

　犬猫等販売業者として登録された場合、第1種動物取扱業者に課される責務（☞前記(3)）に加えて、次の事項も守らなければなりません（動物愛護法22条の2～22条の6）。

---

①　犬猫等健康安全計画の遵守（動物愛護法22条の2）
②　獣医師との連携確保（同法22条の3）
③　販売困難な犬猫についての終生飼養の確保（同法22条の4）
④　56日齢以下の販売制限（同法22条の5）
⑤　犬猫等の検案（同法22条の6）

それぞれの詳しい内容は、以下のとおりです。

⒤　犬猫等健康安全計画の遵守

⒜　内　容

　犬猫等販売業者は、登録の申請時に策定した犬猫等健康安全計画（☞前記(C)）で定めた内容に従って、業務を行わなければなりません（動物愛護法22条の2）。

(b)　違反した場合

犬猫等販売業者が計画を守っていない場合、都道府県知事等は、報告を求めたり、検査を行ったりすることができます（動物愛護法24条1項）。

犬猫等販売業者がこれらに違反して、都道府県知事等に報告をしなかったり、虚偽の報告をしたり、または検査を拒んだり、妨げたりした場合は、30万円以下の罰金に処せられます（動物愛護法47条3号）。また、その違反した者が法人の役員や従業員であって、法人の業務として行われた場合、その法人も罰金に処せられます（同法48条2号）。

(ii)　獣医師との連携の確保

犬猫等販売業者は、犬猫の健康・安全を確保するため、獣医師等との適切な連携の確保を図らなければなりません（動物愛護法22条の3）。

これは、取り扱う犬猫の健康に問題が生じた場合に速やかに獣医師の診察を受けることができるよう、かかりつけの獣医師を確保するなどの方法によって、犬猫の健康・安全を確保することが目的です。

具体的には、専属の獣医師を雇用して、定期的に診察や健康診断ができる環境を整えたり、獣医師や動物病院と診療契約を締結したりすることができればよいでしょう。少なくとも、緊急時に診察をしてもらえる獣医師を確保しておくことは必須です。

獣医師との連携状況は犬猫等健康安全計画に記載すべき事項であり、登録時にチェックされます。

(iii)　販売困難な犬猫についての終生飼養の確保

(a)　趣　旨

犬猫等販売業者は、販売ができなくなった犬猫等についても、終生飼養を図らなければなりません（動物愛護法22条の4）。

終生飼養とは、犬猫の命の最期まで適切に飼養・保管することです。

適切に犬猫等の飼養・保管を行っている販売業者がいる一方、一部の悪質な繁殖・販売業者は、経済性を追求するあまり、無節操な繁殖を行い、犬猫等を大量に店頭に並べ、その結果、売れない犬猫を数多く生み出しました。

　そして、その売れ残りの犬猫について、販売業者が面倒を見たり、譲渡先を見つけたりするのであればよいのですが、2012年の動物愛護法改正前は、繁殖・販売業者が都道府県等に大量の犬猫の引取りを求めることも多々あったようです（たとえば2009年尼崎市動物愛護センターでの事件。ALIVE ホームページ「動物業者からの犬猫引取り殺処分問題」参照）。こういった犬猫を都道府県等が引き取ることは、犬猫等の殺処分数の増加につながります。

　犬猫等販売業者は、動物が命あるものであることを自覚し、取り扱う犬猫を最期まで適切に飼養・保管する責任があります。具体的には、取り扱った犬猫が殺処分になることを免れるために、自ら飼養・保管したり、責任をもって新たな譲渡先を探したりしなければなりません。そのことを規定したのが動物愛護法22条の4です。

　この終生飼養の確保の責務が定められたことから、犬猫等販売業者が都道府県等の動物愛護センターなどに犬猫の引取りを求めた場合、都道府県等は、引取りを拒否することができることとなりました（動物愛護法35条1項）。

(b)　内　容

　終生飼養の「確保」とあることから、必ずしもその犬猫等販売業者において引き続き飼養することを求めているものではありません。犬猫等販売業者が、動物愛護団体などと連携して譲渡先を見つけることも終生飼養の確保に含まれます。

(c)　終生飼養の確保義務を免れる「やむを得ない場合」とは

　犬猫等販売業者は、「やむを得ない場合」には、終生飼養の確保の義務を例外的に免れると規定されています（動物愛護法22条の4）。

　「やむを得ない場合」がどのような場合であるか、法律上は明らかではありません。

　しかし、動物愛護法の2012年改正によって、犬猫等販売業者に対して終生飼養の確保が義務付けられるとともに、販売することが困難になった場合の犬猫等の取扱いについて犬猫等健康安全計画への記載が求められるようになったことから、都道府県等にその引取りを義務付けるべきではないとして、

第2章 動物愛護法の解説

都道府県等は犬猫等販売業者からの犬猫の引取りの求めを拒否できるように
なりました（動物愛護法35条1項。環境省通知「動物の愛護及び管理に関する法
律の一部を改正する法律の施行について」環自総発第1305101号（2013年）参照）。
もっとも、都道府県等は、犬猫等販売業者からの犬猫の引取りであっても、
「生活環境の保全上の支障を防止するために必要と認められる場合」（施行規
則21条の2柱書ただし書）には引取りをしなければならないと規定されてい
ます。これらの規定からすると、終生飼養の確保の義務を免れる「やむを得
ない場合」とは、犬猫等販売業者で飼養・保管することが周辺の生活環境の
保全に支障を生じさせるような例外的な場合であるといえます。

(d) 違反した場合

犬猫等販売業者の従業員などが、終生飼養の確保の義務に反して、犬猫を
殺した場合には、2年以下の懲役または200万円以下の罰金に処せられます
（動物愛護法44条1項）。犬猫を遺棄した場合には、100万円以下の罰金に処せ
られます（同条2項）。

それらが法人の役員や従業員により行われた場合、法人も罰金に処せられ
ます（動物愛護法48条2号）。

(iv) 56日齢以下の販売制限（幼齢の犬猫の販売等の制限）

(a) 内 容

繁殖を行っている犬猫等販売業者は、出生後56日（8週）を経過していな
い犬猫の販売をしたり、販売するための引渡しや展示をしたりすることはで
きません（動物愛護法22条の5）。

2012年改正により、販売日齢規制の数値は、2016年8月31日までは生後45
日、同年9月1日から法律で定める日までは49日、その後は56日とするとい
う経過措置がとられていましたが、2019年動物愛護法改正により、日齢規制
を56日とすることが決まりました。

なお、日齢の数え方は、生まれた日は計算せず、生まれた次の日から1日
として計算します。

(b)　趣　旨

　犬猫を幼齢期に早期に親・兄弟などから引き離して飼養した場合、十分な社会化が行われず、成長後に噛み癖や吠え癖などの問題行動を引き起こす可能性が高まるとされています。そして、犬猫の問題行動は飼い主等の飼育放棄につながります。実際に、自治体によっては、引き取った成犬のうち、問題行動を理由とするものが全体の20％、成猫では40％を占めるというデータもあります（島根県健康福祉部薬事衛生課「島根県の犬・猫データ【平成25年度版】」3頁）。犬猫の問題行動が増えれば、自治体での犬猫の引取り数が増加し、そうなれば当然、殺処分数の増加にもつながります。

　そこで、犬猫の問題行動を防ぎ、ひいては自治体での引取り数や殺処分を減らすため、動物愛護法22条の5が設けられました。

　もっとも、親・兄弟などから引き離す時期は、外見上判断することが難しいため、犬猫等販売業者のうち繁殖業者に対し、一定期間を経るまでは、繁殖した犬猫の販売や販売するための引渡し・展示を禁止したのです。

(c)　販売日齢規制の改正経緯

　幼齢の犬猫の販売日齢は、2012年改正によって新たに設けられた規定ですが、具体的な数値規制を導入すべきであるとの議論はそれ以前からなされていました。

　具体的な数値（日齢）については、①ペット業界団体の自主規制の目標値である45日、②ジェームズ・サーペル教授による科学的根拠に基づいた49日、③欧米各国で導入されている56日という3つの意見があげられていました（中央環境審議会「動物愛護のあり方報告書」）。

　そして、2012年改正で販売制限の規定が初めて定められましたが、具体的な日齢は、45日、49日、56日と徐々に引き上げていくという経過措置がとられました（動物愛護法2012年改正法附則7条1項・2項）。

2016年8月31日～ 「別に法律で定める日」
（2018年8月31日までに検討）

45日 49日 56日

　経過措置がとられたのは、犬猫等販売業者の業務実態、マイクロチップを
活用した調査研究の実施などによる科学的知見のさらなる充実、犬や猫を
親・兄弟から引き離す理想的な時期についての調査研究、社会一般・事業者
への浸透状況などを検討するためでしたが、この結果、今回の2019年改正よ
り、56日とすることが決まりました。

(d) 制限の対象行為

　この販売制限は、販売業者が自ら販売することや販売のための展示ができ
ないことはもちろん、販売の委託をするために他の販売業者へ引き渡すこと、
オークション市場へ持ち込むことなども対象になります。

　販売のための「展示」については、動物愛護法22条の5が、親などからの
早期引離しを抑制するために設けられたものであることから、親・兄弟など
から引き離す行為は規制の対象になりますが、親・兄弟などとともに飼養し
ている状況を購入予定者に見せる行為は対象となりません。

(e) 例　外

　2019年改正では、日齢規制とともに、天然記念物指定犬の特例措置も規定
されました。

　すなわち、「専ら文化財保護法第109条第1項の規定により天然記念物とし
て指定された犬」（指定犬）の繁殖を行う犬猫等販売業者が、犬猫等販売業
者以外に指定犬を販売する場合には、日齢規制は56日ではなく、49日が適用
されます（動物愛護法附則2項）。

　指定犬とは、秋田犬、甲斐犬、紀州犬、柴犬、北海道犬、四国犬です。

　このような例外が設けられた趣旨は、天然記念物の保護との調整です。す
なわち、この附則は、指定犬を専門的に繁殖するブリーダーが一般の飼い主

に直接販売をする場合を想定していますが、そのような場合、ブリーダーが十分な知識や経験に基づいて飼い主に情報提供ができること、飼い主に天然記念物の価値を知ってもらうことで、その保護に資すると考えられたことから、この例外が設けられました。

　指定犬が毎年どれくらい販売されているか把握はされていません。しかしながら、2017年に販売された犬の頭数が67万5934頭（朝日新聞による調査）、そのうち7.3％が柴犬とされていることからすると（ただし、2017年にアイペット損害保険株式会社のペット保険に加入した犬種ごとの割合による）、柴犬のみでも、1年で約5万頭、1日あたり135頭ほど販売されていると推測されます。相当な数の指定犬が販売されていると考えられますが、その指定犬も他の犬種と同様に、早期に親・兄弟から引き離せば、問題行動につながる可能性は増えると考えられます。そのため、指定犬の特例措置が必要であるか、議論を継続する必要があると思われます。

(f)　違反した場合

　犬猫等販売業者がこの販売制限に違反した場合、都道府県知事等は、期限を定めて、規制に反しないために必要な措置をとるように勧告をすることができます（動物愛護法23条2項）。勧告がなされたにもかかわらず、犬猫等販売業者がその勧告に従わなかった場合には、都道府県知事等は勧告に従うよう命令をすることもできます（同条3項）。この命令に違反した場合、100万円以下の罰金に処せられます（同法46条4号）。違反した者が法人の役員や従業員などである場合、その法人も罰金に処せられます（同法48条2号）。

　また、都道府県知事等は、犬猫等販売業者に対し、動物の管理の方法について報告を求めたり、事業所などを検査することもできます（動物愛護法24条1項）。これに違反して、報告をしなかったり、虚偽の報告をしたり、また検査を拒否したり妨げたりした場合、違反した者と法人は、30万円以下の罰金に処せられます（同法47条3号・48条2号）。

(v)　犬猫等の検案

(a)　内　容

犬猫等販売業者の所有する犬猫が死亡した場合で、その死亡の事実の発生の状況に照らして必要があるときは、都道府県知事等は、犬猫等販売業者に対して、獣医師による検案を受け、犬猫の検案書や死亡診断書の提出を命じることができます（動物愛護法22条の6）。

都道府県知事等からは、一定期間を指定し、その期間内に発生した死亡事案について、検案書などの提出を命じます。提出期限は、指定期間の30日以内とされています。

これは、犬猫が死亡した場合に、その犬猫等販売業者による飼養・管理の状況について確認するための規定です。

(b)　違反した場合

都道府県知事等から検案書などの提出命令がなされたにもかかわらず、犬猫等販売業者がこれに従わずに提出しなかった場合、30万円以下の罰金に処せられます（動物愛護法47条2号）。違反した者が法人の役員や従業員である場合には、法人も罰金に処せられます（同法48条2号）。

(vi)　その他

犬猫等販売業者は、第1種動物取扱業者に課される責任も果たさなければなりません。

2019年改正で、犬・猫の販売場所は事業所に限定されました（動物愛護法21条の4）。また、販売する際、対面で、動物の現在の状態を直接購入者に見せなければならないし、さらに書面等を用いて、動物の飼養・管理方法や生年月日、繁殖者名等の情報を、購入者に提供しなければなりません（動物愛護法21条の4、施行規則8条の2。☞前記(3)(D)）。

そのほか、犬猫等販売業者には、基準遵守義務（動物愛護法21条1項・3項）、多頭飼育の禁止（同法25条）なども課されています。

(F)　登録の更新

犬猫等販売業者は、5年ごとに登録を更新しなければなりません（動物愛

護法13条1項・2項・10条3項）。

　更新のときには、登録更新の申請書とともに、犬猫等健康安全計画も再度提出することになります。

　登録更新の申請書の書式は、環境省ホームページ（「第1種動物取扱業者の規制」のページ）に掲載されています。自治体によっては、自治体のホームページに掲載されているところもあります（東京都の場合、動物愛護相談センターのホームページに掲載されています）。

(G)　変更の届出

(ⅰ)　繁殖を行うかどうかに変更が生じた場合

　販売するための犬猫等の繁殖を行わないと申請したが繁殖を行おうとする場合、または繁殖を行うと申請したが繁殖を行わない場合には、あらかじめ、都道府県知事等に届け出なければなりません（動物愛護法14条1項）。

(ⅱ)　犬猫等健康安全計画に変更が生じた場合

(a)　原則──届出必要

　犬猫等健康安全計画に変更が生じた場合には、変更の日から30日以内に、都道府県知事等に届け出なければなりません（動物愛護法14条2項）。

　変更届出書の書式（施行規則5条3項）は、環境省のホームページ（「第1種動物取扱業者の規制」のページ）に掲載されています。

(b)　例外──軽微な変更の場合には届出は不要

　犬猫等健康安全計画に変更が生じた場合であっても、例外的に、軽微な変更の場合には変更届出書の提出は不要です（動物愛護法14条2項カッコ書）。

(ⅲ)　廃業する場合

　犬猫等販売業者は、廃業する場合には、廃業の日から30日以内に、都道府県知事等に届け出なければなりません（動物愛護法14条3項）。

　廃業の届出書の書式（犬猫等販売業廃止届出書）は、環境省ホームページに掲載されています（「第1種動物取扱業者の規制」のページ）。

(ⅳ)　届出を怠った場合や虚偽の届出をした場合

　前記(ⅰ)～(ⅲ)のように、変更の届出や廃業の届出が必要であるにもかかわら

ず、その届出をしなかった場合、または虚偽の届出をした場合には、30万円以下の罰金に処せられます（動物愛護法47条1号）。違反したのが法人の役員や従業員などであった場合は、その法人も罰金に処せられます（同法48条2号）。

(H) 登録の取消し、業務停止命令

犬猫等販売業者が登録するときに作成した犬猫等健康安全計画が、幼齢の犬猫の健康・安全や終生飼養の確保を図るためのものとして適切でない場合（前記(C)(i)の内容に適合していない場合）、都道府県知事等は、登録を取り消したり、6カ月以下の業務停止を命ずることができます（動物愛護法19条1項4号）。

登録が取り消されたり、業務停止命令を受けたにもかかわらず、業務を続けた場合には、100万円以下の罰金に処せられます（動物愛護法46条1号・3号・48条2号）。

(5) 犬猫の引取り

(A) 内容・趣旨

犬猫等販売業者が都道府県等に対して犬猫の引取りを求めた場合、都道府県等は、その引取りを拒否することができます（動物愛護法35条1項、施行規則21条の2）。

動物愛護法の2012年改正以前は、都道府県等は、犬猫の所有者から引取りを求められた場合には引き取らなければならないという規定になっており、引取りが拒否できる場合については規定されていませんでした。

しかし、犬猫等販売業者は、動物を適正に飼養・保管する責任があり、2012年動物愛護法改正では終生飼養の確保の義務が規定されました（動物愛護法22条の4）。また、登録の際、犬猫等健康安全計画に、販売することが困難になった場合の犬猫等の取扱いを記載しなければならないこととなりました（同法10条3項2号）。これらを受けて、都道府県等は、犬猫等販売業者からの引取りを拒否できることとなったのです。

2019年動物愛護法改正では、所有者不明の犬猫の引取り拒否も追加されま

したが、これについては、後述します（☞後記Ⅳ4）。

(B)　犬猫等の遺棄をした場合

犬猫等販売業者が、販売が困難になった犬猫を都道府県等に引き取ってもらえず、犬猫を殺したり、傷つけたりした場合には、5年以下の懲役または500万円以下の罰金に処せられます（動物愛護法44条1項）。

また、適切な飼養や保管を怠るなど、犬猫に虐待を行った場合や、犬猫を遺棄した場合には、1年以下の懲役または100万円以下の罰金に処せられます（動物愛護法44条2項・3項）。第三者に遺棄を頼んだ場合も、共犯として罰則が適用されることがあります。

(C)　販売できない犬猫等が生じないために

2014年10月末から11月初頭にかけ、栃木県内で約70匹の犬の死骸が発見されるという事件がありました。捨てられていたのは、ミニチュアダックスフンドやトイプードルなど小型の愛玩犬や高齢の雌が大半でした。

その後、廃棄物処理法違反や動物愛護法違反などの疑いで、ペットショップ関係者らが逮捕され、2014年12月9日に2名が略式起訴され、宇都宮簡易裁判所は、1名に罰金100万円、もう1名には罰金50万円の略式命令を出しました。起訴状などによれば、起訴された2人は、鬼怒川河川敷や山林に72匹の死骸および生きた犬8匹を捨てたとのことでした。

前述のとおり、現在は、販売できない犬猫を都道府県等に引取ってほしいと求めても、原則として引取りはされません。他方、その犬猫の飼養を放棄したり、遺棄したりすることも許されません（動物愛護法44条2項・3項）。

したがって、犬猫等販売業者は、過剰な数の犬猫の繁殖・販売を抑制し、販売できなくなる犬猫等が生じないよう、犬猫の仕入れ数や飼養頭数などに配慮しなければなりません。また、万一販売できなくなる犬猫等が生じた場合に備えて、その犬猫等の取扱いについて、あらかじめ検討しておく必要があります。具体的には、譲渡先を確保するための方法を決めておいたり、犬猫の飼養施設を確保したりするといったことが考えられるでしょう。犬猫等販売業の登録時に策定することが必要な犬猫等健康安全計画にも、販売する

ことが困難となった犬猫等の取扱いについて記載する必要があるので、登録前に具体的に検討することになります。

それでも、結果として販売できない犬猫が生じてしまった場合には、新たな飼い主を見つけたり、動物愛護団体などと協力して引取り先を見つけたりすることが必要です。引取り先がどうしても見つからない場合には、犬猫等販売業者において最期まできちんと飼っていかなければなりません。動物を取り扱うためには、ここまでの覚悟が必要です。

(第2章Ⅲ2(4)(5) 片口浩子)

コラム⑤ 動物販売業者の責任

動物販売業者(以下、本コラムでは「ペット販売業者」といいます)は、ペットを販売する際に、動物愛護法のほかに、民法や消費者契約法による責任を負います。

ペットは、民法では物として扱われます。ペットが先天的な病気などにかかっていた場合には、債務不履行として飼い主は契約を解除して代金の返還を求めることができ(民法541条・545条)、また治療費を請求することもできます(民法415条)。これに関連する裁判例として、横浜地裁平成13年10月15日判決(判例時報1784号115頁)があります。この事案は、ペット販売業者が病気にかかったペットを販売し、後にそのペットが死亡してしまったというものです。その判決では、ペット販売業者には、健康で病気に罹患していない動物を売り渡す義務があることを認めたうえで、買主が求めた契約の解除、代金の返還を認めました。

ペット販売業者は、このような場合に備えて、契約の際に、特約として、支払う金額に制限を設けたり、病気になった場合にペット販売業者の指定する獣医のもとで診断を受けることを義務とするなど、ペット販売業者にとって有利な内容の条項を盛り込んでいる場合があります。しかし、このような特約があっても、その内容が飼い主の利益を一方的に害することになる場合には、特約が無効になることがあり

ます（消費者契約法10条）。

　さらに、ペットが病気にかかっていることを知りながらそれを売るということもあります。このような、ペットを購入するうえで重要な事項を知りながら、「病気にはかかっていません」などと不実のことを告げて勧誘した場合、ペットを購入した飼い主は契約を取り消し、代金の返還を求めることができます（不実告知：消費者契約法4条1項1号）。　　　　　　　　　　　　　　　　　　　　　　（古川穰史）

⑹　マイクロチップの義務化

⒜　2019年改正

　動物愛護法の2012年改正では、販売される動物に対するマイクロチップ装着の義務化が検討されていましたが、マイクロチップの普及率が低いことや（当時3％程度）、狂犬病予防法に基づく登録制度との整合性の取り方等の課題があったために見送られることとなりました。なお、2012年改正では、特定動物の飼い主等に対しては、マイクロチップ等の個体識別措置をとることが義務付けられていました。

　2012年改正では附則14条で、義務化に向けて、研究開発の推進および情報管理体制の整備等のために必要な施策を講ずるなどして検討すべきことが規定されていました。

　これを受けて、2019年改正では第4章の3を新設しマイクロチップの装着の義務化、登録の義務化等を定めることとなりました。マイクロチップに関する各条項の施行は、改正法の公布の日からから3年以内とされており、2022年6月までに施行されることとされています。

　なお、マイクロチップの装着等の義務は、犬猫等販売業者と、それ以外の犬猫の所有者（ペットの飼い主等）に課されていますが、便宜上ここで説明します（飼い主については、後述の第2章Ⅲ1⑻も参照）。

⒝　マイクロチップについて

（ⅰ）　マイクロチップとは

　動物に装着されるマイクロチップは、直径2mm、長さ約8～12mmの円筒形の電子標識器具で、内部はIC、コンデンサ、電極コイルからなり、外側は生体適合ガラスで覆われています。それぞれのチップには、世界で唯一の15桁の数字（番号）が記録されており、この番号を専用のリーダー（読取器）で読み取ることができます。これによって、あらかじめ登録してある飼い主の名前・住所・連絡先などを知ることができるのです。マイクロチップの装着は、動物の安全で確実な個体識別（身元証明）のために、ヨーロッパやアメリカをはじめ、世界中で広く使われている方法とされています。

（ⅱ）　装着の方法

　マイクロチップは、通常の注射より少し太い専用のインジェクター（チップ注入器）を使って体内に注入する方法で埋め込みますが、痛みは普通の注射と同じくらいといわれており、鎮静剤や麻酔薬などは通常は必要ありません。ただし、マイクロチップの埋込みは獣医療行為に該当するため、必ず獣医師が行わなければなりません。埋込場所は、動物の種類によって異なりますが、犬や猫の場合では、背側頸部（首の後ろ）皮下が一般的です。犬は生後2週齢、猫は生後4週齢頃から埋込ができるといわれています。

　正常な状態であれば、体内で移動したり、脱落・消失することはほとんどなく、データを書き換えることもできないため、確実な証明になるとされています。マイクロチップを読み取るマイクロチップリーダーから発信される電波を利用してデータ電波を発信するため、電池が不要で、半永久的に使用できます。費用は、動物の種類や動物病院によって異なりますが、犬や猫の場合は数千円程度です。

⒞　マイクロチップの義務化について

（ⅰ）　概　要

マイクロチップの装着の義務化のポイントは以下のとおりです。

① 犬猫等販売業者へのマイクロチップの装着義務化、情報登録の義務化
② マイクロチップを装着した犬猫を譲り受けた者については、変更登録の義務化
③ 狂犬病予防法に基づく犬の登録の特例（ワンストップサービス化）
④ 都道府県等による所有者への指導・助言（努力義務）
⑤ 環境大臣による指定登録機関の指定

(ii)　犬猫等販売業者へのマイクロチップの装着義務化、情報登録の義務化

(a)　マイクロチップの装着義務化、取り外しの禁止

　犬猫等販売業者は、犬または猫を取得したときは、当該犬または猫を取得した日（生後90日以内の犬または猫を取得した場合にあっては、生後90日を経過した日）から30日を経過する日（その日までに当該犬または猫の譲渡しをする場

〈図表 9 〉犬猫所有者のマイクロチップ装着・情報登録の流れ（販売ルート）

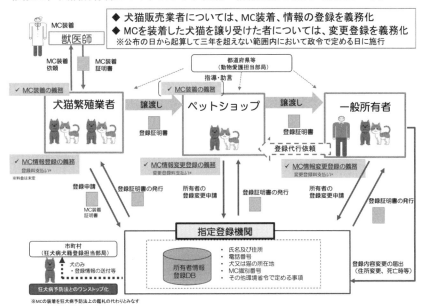

（環境省自然環境局総務課動物愛護管理室「改正動物愛護管理法の概要」21頁
〈http://www.env.go.jp/council/14animal/mat51_1-1.pdf〉）

第2章　動物愛護法の解説

合にあっては、その譲渡しの日）までに、当該犬または猫にマイクロチップを
装着しなければなりません。ただし、当該犬または猫にマイクロチップがす
でに装着されているとき、マイクロチップを装着することにより当該犬また
は猫の健康および安全の保持上支障が生じるおそれがあるときその他の環境
省令で定める事由に該当するときは、この限りではありません（動物愛護法
39条の2第1項）。

　また、何人も、犬または猫の健康および安全の保持上支障が生じるおそれ
があるときその他の環境省令で定めるやむを得ない事由に該当するときを除
き、当該犬または猫に装着されているマイクロチップを取り外してはならな
いとされています（動物愛護法39条の4）。

(b)　情報登録の義務化

　動物愛護法39条の2第1項が定めるマイクロチップの装着義務を負う犬猫
等販売業者は、当該犬または猫について、環境大臣（環境大臣が指定登録機
関を指定したときは指定登録機関が登録に関係する事務を行う（同法39条の10、
同法39条の23、(v)参照）、以下同じ）の登録を受けなければなりません（同法39
条の5第1項1号）。登録を受けようとする者は、環境省令で定めるところに
より、氏名および住所、登録を受けようとする犬または猫に装着されている
マイクロチップの識別番号等の事項を記載した申請書に、獣医師が発行する
マイクロチップ装着証明書（同法39条の3）を添付して環境大臣に提出しな
ければなりません（同法39条の5第2項、3項）。

　登録した情報に変更が生じた場合には、環境省令で定めるところにより、
変更を生じた日から30日を経過する日までに、その旨を環境大臣に届け出な
ければならないとされています（動物愛護法39条の5第8項）。

　なお、登録時、登録証明書の再発行を受けるとき、変更登録を受けるとき
には、国（または指定登録機関）に政令で定める額の手数料を支払う必要が
あります（動物愛護法39条の25）。

(c)　犬または猫の譲渡しの際の義務

　登録を受けた犬または猫の譲渡しは、当該犬または猫に係る登録証明書と

〈図表10〉　参考：販売ルート以外の譲渡（努力義務）

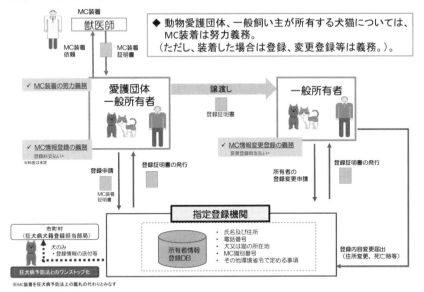

（環境省自然環境局総務課動物愛護管理室「改正動物愛護管理法の概要」22頁
〈http://www.env.go.jp/council//14animal/mat51_1-1.pdf〉）

ともにしなければなりません（動物愛護法39条の5第9項）。

　登録を受けた犬または猫を取得した犬猫等販売業者は、取得した日から30日を経過する日（その日までに当該犬または猫の譲渡しをする場合にあっては、その譲渡しの日）までに変更登録を受けなければなりません（動物愛護法39条の6第1項1号）。

(d)　死亡等の届出

　登録を受けた犬または猫の所有者は、当該犬または猫が死亡したときその他の環境省令で定める場合に該当するときは、環境省令で定めるところにより、遅滞なく、その旨を環境大臣に届け出なければなりません（動物愛護法39条の8）。

(ⅲ)　狂犬病予防法に基づく犬の登録の特例（ワンストップサービス化）

　2012年改正時は狂犬病予防法に基づく登録制度との整合性のとり方等の課

題がありましたが、2019年改正ではこの課題に対する対応がなされています。

　環境大臣は、犬の所有者が当該犬を取得した日（生後90日以内の犬を取得した場合にあっては、生後90日を経過した日）から30日以内に登録または変更登録を受けた場合において、当該犬の所在地を管轄する市町村長の求めがあるときは、環境省令で定めるところにより、当該市町村長に環境省令で定める事項を通知しなければならず（動物愛護法39条の7第1項）、市町村長が通知を受けた場合における狂犬病予防法の規定の適用については、当該通知に係る犬の所有者が当該犬に係る登録または変更登録を受けた日において、当該犬の所有者から犬の登録の申請または届出があつたものとみなし、当該犬に装着されているマイクロチップは、市町村長から交付された鑑札とみなすとされています（同条2項）。同条2項により鑑札とみなされたマイクロチップが装着されている犬の所有者が当該マイクロチップを取り除いた場合その他の厚生労働省令で定める場合には、市町村長に対しその旨を届け出なければならず（同条5項）、係る届出を受けた市町村長は当該犬の所有者に犬の鑑札を交付しなければならないとされています（同条6項）。

　このように、マイクロチップの登録と狂犬病予防法に基づく登録とを関連付け、両制度の整合性を図っています。

⒤　都道府県等による所有者への指導・助言（努力義務）

　都道府県等は、マイクロチップに関する措置が適切になされるよう、犬または猫の所有者に対し、必要な指導および助言を行うように努めなければなりません（動物愛護法39条の9）。

⒱　環境大臣による指定登録機関の指定

　環境大臣は、環境省令で定めるところにより、その指定する者（「指定登録機関」）に、動物愛護法39条の5から39条の8までに規定する環境大臣の事務（「登録関係事務」）を行わせることができます（同法39条の10第1項）。指定登録機関は、職員、設備等に関する事項や経理的・技術的な要件（同条3項）を満たした一般社団法人または一般財団法人が指定されます（同条4項1号）。環境大臣は指定登録機関の事業計画の認可や（同法39条の12）、監督

命令（同法39条の16）、立入検査（同法39条の18）を行うことができます。

　なお、環境大臣は、指定登録機関の指定をしたときは、登録関係事務を行わないものとするとされており、指定登録機関の指定がなされた場合には、登録関係事務はもっぱら指定登録機関が行うこととなります（動物愛護法39条の23第1項）。

(D)　今後の課題

　マイクロチップの装着に関しては、トレーサビリティーを確保する、迷子の犬や猫の発見につながる、遺棄を防止する等のメリットがあるといわれていますが、犬猫等販売業者に対する装着義務化についても罰則がなく、すべての犬猫等販売業者が確実に装着を実施するといえるかどうか懸念がないわけではありません。

　さらに、動物愛護センターではマイクロチップリーダーの備付けを進めていますが（Ⅳ4⑴(C)(i)参照）、迷子の犬や猫を保護した場所で必ずマイクロチップリーダーを備えているとは限らず、マイクロチップの装着が必ずしも迷子、遺棄の防止に役立つとはいえないのではないかとの懸念もあります。

　2022年のスタートまでに、法の趣旨を実現するよう環境省令等の制度を整備するとともに、マイクロチップリーダーのなどの実務の運用についても漏れなく進めていく必要があります。

（第2章Ⅱ2⑹　楢木圭祐）

3　第2種動物取扱業者

　第2種動物取扱業者とは、動物の取扱いのうち、営利性をもたず、飼養施設を設置し一定頭数以上の動物の取扱い（動物の譲渡し、保管、貸出し、訓練、展示など）を業として行うものをいいます。第2種動物取扱業を行うには、届出が必要となります。

　第2種動物取扱業者の規定は2012年の改正のときに設けられましたが、その趣旨は、営利性を有しないで行われる動物の一定規模の取扱いについても不適正な飼養がみられることから、都道府県等はその状況について把握し、

指導を行うことが必要とされたことにあります。

(1)　第2種動物取扱業者とは

　第2種動物取扱業者とは、飼養施設を設置して動物の取扱業を行おうとする者であって、第1種動物取扱業に該当せず、取り扱う動物の数が一定以上である者をいいます（動物愛護法24条の2の2）。

　以下、飼養施設、動物の取扱業を行おうとする者、取り扱う動物の数、除外事由について順に説明します。

(A)　飼養施設

　「飼養施設」は、人の居住する部分と区別できる施設でなければなりません（施行規則10条の5第1項）。一時的に委託を受けて動物を飼養・保管する場合の施設は、この飼養施設には当たりません（同条項）。

　専用の飼養施設を有する場合に限らず、飼養のための部屋を設けたり、ケージなどよって飼養場所が区分されていたりする場合も、人の居住する部分と区別できる施設を有しているといえます（環境省通知「動物の愛護及び管理に関する法律の一部を改正する法律の施行について」（2013年5月10日）環自総発第1305101号）。

(B)　動物の取扱業を行おうとする者

　「動物の取扱業を行おうとする者」とは、社会性を持って、一定以上の頻度または取扱量で事業を行おうとする者です。

　営利を目的とする場合は第1種動物取扱業に該当するため、第2種動物取扱業は非営利目的に限られます。

　動物取扱業は、具体的には図表11の業種をいいます（動物愛護法24条の2の2）。

　なお、動物愛護法では、図表11の業種のほかに「環境省令で定めるもの」が含まれると定められていますが、現時点で環境省令で定められている業種はありません。

(C)　取り扱う動物の数が一定以上であること

　動物愛護法は、届出の必要な第2種動物取扱業の要件の1つに、取り扱う

〈図表11〉動物取扱業の業種・内容・例

業種	業の内容	該当する業者の例
譲渡し	動物を無償で譲り渡す	シェルター等を有し、譲渡活動を行う動物愛護団体、里親探しの譲渡ボランティア等
保管	保管を目的に顧客の動物を預かる	非営利のペットシッター等
貸出し	愛玩、撮影、繁殖その他の目的で動物を貸し出す	非営利のペットレンタル業者等
訓練	顧客の動物を預かり訓練を行う	盲導犬などを飼養する団体等
展示	動物を見せる（動物との触れ合いの提供を含む）	公園などで触れ合い活動を行う団体、アニマルセラピーのボランティア等

動物の数の下限を設けています（施行規則10条の5第2項。☞図表12）。これより少ない数の動物を取り扱う場合には、届出は必要ありません。これは、小規模業者への配慮のためです。

　もっとも、取り扱う動物の数が届出時点で頭数の下限より少ない場合でも、今後下限を超えることが想定される場合には、あらかじめ届け出る必要があります。

(D)　除外事由

　国や地方公共団体の職員が災害時に動物を取り扱う場合、その他法律に基づいて動物を取り扱うことが規定されている場合などは、第2種動物取扱業者には該当しません（施行規則10条の5第3項各号。☞図表13）。

(2)　第2種動物取扱業の届出

(A)　届出制の趣旨

　第2種動物取扱業を行う者は、飼養施設を設置する場所ごとに、その所在地の都道府県知事等に届け出なければなりません（動物愛護法24条の2の2）。

　第1種動物取扱業者が登録制であるのに対して、第2種動物取扱業者は届出制となっています。届出制になった趣旨は、動物愛護法の2012年改正により、第2種動物取扱業が新たに設けられて規制の対象となったことから、い

〈図表12〉取扱動物の数の下限

区分	合計数	根拠規定 (施行規則10条 の5第2項)	動物種	該当する動物の例
大型 (頭胴長・全長 おおよそ 1m以上)	3頭以上	1号	哺乳類	ウシ、シカ、ウマ、ロバ、イノシシ、ブタ、ヒツジ、ヤギ等、特定動物
			鳥類	ダチョウ、ツル、クジャク、フラミンゴ、大型猛禽類等、特定動物
			爬虫類	特定動物
中型 (頭胴長・全長 おおよそ 50cm〜1m)	10頭以上	2号	哺乳類	犬、猫、タヌキ、キツネ、ウサギ等
			鳥類	アヒル、ニワトリ、ガチョウ、キジ等
			爬虫類	ヘビ(全長おおよそ1m以上)、イグアナ、海ガメ等
小型 (頭胴長・全長 おおよそ 50cm以下)	50頭以上	3号	哺乳類	ネズミ、リス等
			鳥類	ハト、インコ、オシドリ等
			爬虫類	ヘビ(全長おおよそ1m以下)、ヤモリ等
大型＋中型	10頭以上	4号	哺乳類・鳥類・爬虫類	上記のとおり
大型＋中型＋小型	50頭以上	5号	哺乳類・鳥類・爬虫類	上記のとおり

※大きさは成体における標準的なサイズから判断します。
※同一の動物種による大きさの違いは考慮しません。

〈図表13〉第2種動物取扱業に当たらない場合

主体	取扱内容
国・地方公共団体の職員	・非常災害のために必要な応急措置としての行為として動物の取扱いをする場合（1号）
	・絶滅のおそれのある野生動植物の種の保存に関する法律の規定に基づく業務として動物の取扱いをする場合（9号）
	・鳥獣の保護及び管理並びに狩猟の適正化に関する法律の規定に基づく業務としてに伴って動物の取扱いをする場合（10号）
	・特定外来生物による生態系等に係る被害の防止に関する法律の規定に基づく業務として動物の取扱いをする場合（11号）
警察職員	・警察の責務（警察法2条1項参照）として動物の取扱いをする場合（2号）
自衛隊員	・自衛隊の施設、部隊、機関の警備に伴って動物の取扱いをする場合（3号）
家畜防疫官	・動物検疫所の業務（狂犬病予防法、家畜伝染病予防法、感染症の予防及び感染症の患者に対する医療に関する法律参照）のために動物の取扱いをする場合（4号）
検疫所職員	・検疫所の業務（感染症の予防及び感染症の患者に対する医療に関する法律参照）のために動物の取扱いをする場合（5号）
税関職員	・税関の業務（関税法参照）として動物の取扱いをする場合（6号）
地方公共団体の職員	・法の規定に基づく業務として動物の取扱いをする場合（7号）
	・狂犬病予防法に基づいて犬を抑留する場合（8号）
国の職員	・少年院法、婦人補導院法、刑事収容施設及び被収容者等の処遇に関する法律の規定に基づく業務として動物の取扱いをする場合（12号）

きなり規制の強い登録制にするのではなく、まずは届出制により実態を把握することが必要とされたためです。そのため、届出書に記載漏れがないかなどの形式的な審査により、問題がなければ受理されることになります。

(B)　**届出手続**

第2種動物取扱業を行う者は、第2種動物取扱業の種別ごと、飼養施設を設置する場所ごとに、その所在地の都道府県知事等に届け出なければなりません（動物愛護法24条の2の2）。

届出の手続としては、届出書に必要な事項を記入して、添付書類と一緒に都道府県知事等に提出します（動物愛護法24条の2の2）。

(i)　**届出事項**

第2種動物取扱業を行う者は、次の事項を記載した届出書を提出して、届出をしなければなりません（動物愛護法24条の2の2各号、施行規則10条の6第4項）。

---

① 個人の場合は氏名・住所、法人の場合は名称・住所・代表者の氏名（1号）
② 飼養施設の所在地（2号）
③ 行おうとする第2種動物取扱業の種別（譲渡し、保管、貸出し、訓練、展示またはその他の取扱いの別）、その種別に応じた事業の内容・実施の方法（3号）
④ 主として取り扱う動物の種類・数（4号）
⑤ 飼養施設の構造・規模（5号）
⑥ 飼養施設の管理の方法（6号）
⑦ 事業の開始年月日（7号、施行規則10条の6第4項1号）
⑧ 飼養施設の土地・建物について事業の実施に必要な権原を有する事実（7号、施行規則10条の6第4項2号）

---

④の主として取り扱う動物の種類については、犬猫など取り扱う動物が具体的にわかる一般名または種名を記載します。その数については、届出をする飼養施設において飼養を行う予定頭数の上限値を記載します（届出時点で頭数の下限を下回る場合でも、今後、下限を超えることが想定される場合には、あらかじめ届け出る必要があります）。また、「主として」については、大型動

物と特定動物については年間１頭以上、それ以外の動物については年間２頭
以上の取扱いを行う動物を記載します。

　⑤の飼養施設の構造・規模について、具体的には、飼養施設の建築構造
（木造、鉄筋コンクリート造などの別）、延べ床面積、敷地面積、床面・壁面の
材質、設備の種類等を記載します。

　届出にあたっては、所定の様式（施行規則10条の６第１号・様式第11の４）
の届出書を提出します。この書式は環境省ホームページ（「第２種動物取扱業
者の規制」のページ）に掲載されています（☞資料４）。

　また、届出書の原本１通のほかに、その写し１通を提出しなければなりま
せん（施行規則10条の６第１項）。写し１通をあわせて提出させることとして
いるのは、都道府県等から受領印を押してもらい、この写しを届出をした者
に渡し、保管してもらうことにより、届出済みであることの証明とすること
を想定しています。

(ⅱ)　添付書類

　届出書には、次の書面を添付する必要があります（動物愛護法24条の２の
２、施行規則10条の６第２項）。

---

①　法人の場合、登記事項証明書
②　次の設備などの配置を明らかにした飼養施設の平面図、飼養施設の付近
　の見取図（ただし、ⓗ～ⓚにあっては、これらの施設を設置している場合
　に限ります）
　ⓐ　ケージ等
　ⓑ　給水設備
　ⓒ　消毒設備
　ⓓ　餌の保管設備
　ⓔ　清掃設備
　ⓕ　遮光のため、または風雨を遮るための設備
　ⓖ　訓練場（飼養施設において訓練を行う訓練業を行おうとする者に限り
　　ます）
　ⓗ　排水設備

【資料4】第2種動物取扱業届出書

<table>
<tr><td colspan="3"></td><td>年　　月　　日</td></tr>
</table>

都道府県知事　殿
市　　　　長

申請者　氏　　名
（法人にあっては、名称及び代表者の氏名）
住　　所　〒
電話番号

第二種動物取扱業届出書

動物の愛護及び管理に関する法律第24条の2の規定に基づき、下記のとおり第二種動物取扱業を届け出ます。

記

1	飼養施設の所在地		電話番号
2	第二種動物取扱業の種別		□譲渡し／□保管／□貸出し／□訓練／□展示 □その他（　　　　　　　）
3	業務の内容及び実施の方法	(1) 業務の具体的内容	
		(2) 実施の方法	別記のとおり（譲渡し及び貸出しの場合に限る。）
4	主として取り扱う動物の種類及び数	(1) 哺乳類	
		(2) 鳥　類	
		(3) 爬虫類	
5	飼養施設	(1) 構造及び規模 ①建築構造	□木造／□木造モルタル造／□鉄骨鉄筋コンクリート造／□鉄筋コンクリート造／□コンクリートブロック造 □その他（　　　　　　　　　　）
		②延床面積	㎡
		③敷地面積	㎡
		④材質 床　面	
		壁　面	
		⑤設備の種類	□ケージ等（　　　個） □給水設備／□消毒設備／□餌の保管設備／□清掃設備／□遮光等の設備／□訓練場／□排水設備／□洗浄設備／□廃棄物の集積設備／□空調設備
		(2) 管理の方法	
6	事業の開始年月日		年　　月　　日 （これまでの事業年数：　　　年）
7	飼養施設の権原の有無		□有　　□無
8	添付書類		□登記事項証明書／□業務の実施の方法／□飼養施設の平面図／□飼養施設の付近の見取図／ □その他（　　　　　　　）
9	備　考		

備　考

1　「3(1)　業務の具体的内容」欄には、届出に係る業務の内容をできるだけ具体的に記入すること。また、譲渡業又は貸出業を行おうとする場合は、業務の実施の方法について本様式別記により明らかにした書類を添付すること。

2　「4　主として取り扱う動物の種類及び数」欄には、事業所で主として取り扱う動物の種類（種名）をすべて記入すること。また、動物の種類ごとに最大飼養保管数を記入すること。なお、種の分類が困難な爬虫類等の動物の種類については、科名、属名等で記入すること。

3　「5(1)⑤設備の種類」欄には、動物の愛護及び管理に関する法律施行規則第10条の6第2項第2号に掲げる設備等を備えている場合に、備えている設備等にチェックをすることとし、ケージ等についてはその数を記入すること。

4　「5(2)　管理の方法」欄には、ケージ等の材質、構造及び転倒防止措置を記入すること。

5　「7　飼養施設の権原の有無」欄は、所有権、賃借権等事業の実施に必要な飼養施設に係る権原の有無についてチェックをすること。

6　「9　備考」欄には、次に掲げる事項を記入すること。

(1)　届出に係る事業が、他の法令の規定により行政庁の許可、認可その他の処分又は届出を必要とするものであるときは、その手続の進捗状況

(2)　届出の際、飼養施設が完成していない場合は、その竣工予定日

(3)　この届出に係る事務担当者が届出者と異なる場合は、事務担当者の氏名及び電話番号

7　この届出書は、その写しも含めて2部提出すること。

8　この様式による届出は、第二種動物取扱業の種別ごと、飼養施設ごとに行うこと。ただし、同一の飼養施設において複数の種別の業務を行う場合であって、これらに係る届出を同時にする場合は、届出書は業種ごとに別葉で作成し、共通する添付書類についてはそれぞれ1部提出すれば足りるものとする。

9　この届出書及び添付書類の用紙の大きさは、図面等やむを得ないものを除き、日本工業規格A4とすること。

ⓙ 洗浄設備

ⓚ 汚物、残さ等の廃棄物の集積設備

ⓛ 空調設備（屋外設備を除きます）

(C) 届出を怠った場合、虚偽の届出をした場合

第2種動物取扱業者に当たるにもかかわらずその届出をしなかったり、また虚偽の届出をしていたりした場合は、30万円以下の罰金に処せられます（動物愛護法47条1号）。また、その違反者が法人の役員や従業員である場合、その法人も罰金に処せられます（同法48条2号）。

(3) 第2種動物取扱業者の責務

(A) 適正飼養の義務

第2種動物取扱業者には、適正飼養の責務が課されます。すなわち、第2種動物取扱業者は、その取り扱う動物の管理方法などについて、次の基準を守らなければなりません（動物愛護法24条の4・21条1項、施行規則10条の9）。この規定の趣旨は、動物の健康・安全を保持するとともに、生活環境の保全上の支障が生ずることを防止することにあります。

① 譲渡業者（届出をして譲渡業を行う者）の場合、譲渡しをしようとする動物について、その生理・生態・習性等に合致した適正な飼養・保管が行われるよう、譲渡しにあたって、あらかじめ、次の動物の特性や状態に関する情報を譲渡先に対して説明すること

ⓖ 品種等の名称

ⓗ 飼養または保管に適した飼養施設の構造、規模

ⓘ 適切な給餌・給水の方法

ⓙ 適切な運動・休養の方法

ⓚ 遺棄の禁止その他当該動物に係る関係法令の規定による規制の内容

② 譲渡業者の場合、譲渡するにあたって、飼養・保管をしている間に疾病などの治療、ワクチンの接種などを行った動物について、獣医師が発行した治療、ワクチンの接種等についての証明書を譲渡先に交付すること。また、その動物を譲渡した者から受け取った疾病などの治療、ワクチンの接種等に係る証明書がある場合には、これもあわせて交付すること

③　届出をして貸出業を行う者の場合、貸出しをしようとする動物の生
理・生態・習性等に合った適正な飼養・保管が行われるように、貸出し
にあたって、あらかじめ、次の動物の特性・状態に関する情報を貸出先
に対して提供すること

ⓐ　品種などの名称

ⓑ　飼養・保管に適した飼養施設の構造・規模

ⓒ　適切な給餌・給水の方法

ⓓ　適切な運動・休養の方法

ⓔ　遺棄の禁止その他当該動物についての関係法令の規定による規制の内
容

④　①～③のほか、動物の管理の方法等に関し環境大臣が定める細目を遵守
すること

　④の「細目」とは、2013年環境省告示「第2種動物取扱業者が遵守すべき
動物の管理の方法等の細目」のことです。

Ⓑ　条例が制定されている場合

　都道府県等が、動物の健康・安全の保持とともに、生活環境の保全上の支
障が生ずることを防止するため、その自然的・社会的な条件から判断して必
要があると認めるときは、条例で、動物の管理の方法を定めることがありま
す（動物愛護法24条の4・21条4項）。

　この場合、第2種動物取扱業者は、その条例を守らなければなりません。

Ⓒ　適正飼養の義務に違反した場合

（ⅰ）　勧告、命令、罰則

　第2種動物取扱業者が適正飼養の義務に違反している場合、都道府県知事
等は、期限を定めて、動物の管理方法を改善するように勧告することができ
ます（動物愛護法24条の4・23条1項）。

　第2種動物取扱業者がこの勧告に従わない場合には、都道府県知事等は、
期限を定めて、勧告に従うように命令することができます（動物愛護法24条
の4・23条3項）。

　さらに、第2種動物取扱業者がこの命令に従わない場合には、違反者や法

人は、30万円以下の罰金に処せられます（動物愛護法47条4号・48条2号）。

　(ii)　報告、立入検査

　第2種動物取扱業者が、適正飼養の義務に違反している場合には、都道府県知事等は、飼養施設の状況や動物の管理方法などの報告を求めたり、その業者の飼養施設などに立ち入って検査したりすることができます（動物愛護法24条の4・24条1項）。

　第2種動物取扱業者がその報告をしなかったり、虚偽の報告をしたり、または検査を拒んだり、妨げたりした場合、その違反をした者は、30万円以下の罰金に処せられます（同法47条3号）。違反者が法人の役員や従業員である場合は、その法人も罰金に処せられます（同法48条2号）。

(4)　変更の届出

(A)　変更から30日以内に届出が必要な場合

　(i)　内　容

　第2種動物取扱業者は、次の3つの場合、変更の日から30日以内に、都道府県知事等に届出をしなければなりません（動物愛護法24条の3第2項）。

---

①　個人の場合は氏名・住所、法人の場合は名称・住所・代表者の氏名の変更があった場合
②　飼養施設の所在地の変更があった場合
③　届出をした飼養施設の使用を廃止した場合

　たとえば、飼養施設の場所が移転する場合、事前に新規の届出（動物愛護法24条の2の2、施行規則10条の6）を、事後に飼養施設廃止の届出（同法24条の3第2項、施行規則10条の7第3項）をすることが必要になります。

　また、相続や合併などにより飼養施設を承継した場合についても、変更の届出（動物愛護法24条の3第2項、施行規則10条の7第3項）が必要になります。

　なお、変更の届出書の書式は、①②と③とで異なります（施行規則10条の7第3項）。いずれも環境省のホームページ（「第2種動物取扱業者の規制」のページ）に掲載されています。

(ⅱ) 届出を怠った場合、虚偽の届出をした場合

上記の変更の届出を怠った場合や虚偽の届出をした場合には、20万円以下の過料に処せられます（動物愛護法49条1号・24条の3第2項）。

⒝ その他変更の届出が必要な場合

(ⅰ) 原 則

第2種動物取扱業者は、届出事項のうち、次の事項の変更をしようとする場合には、都道府県知事等に届け出なければなりません（動物愛護法24条の3第1項・24条の2の2第3号～7号、施行規則10条の6第4項）。「変更をしようとするとき」と定められていることから、変更する前に届出をすることが必要です。

---

① 行おうとする第2種動物取扱業の種別（譲渡し、保管、貸出し、訓練、展示またはその他の取扱いの別）、その種別に応じた事業の内容や実施の方法について変更があった場合
② 主として取り扱う動物の種類、数の変更があった場合
③ 飼養施設の構造・規模の変更があった場合
④ 飼養施設の管理の方法の変更があった場合
⑤ 事業の開始年月日の変更があった場合
⑥ 飼養施設の土地・建物について事業の実施に必要な権原を有する事実

なお、変更届出書の書式（施行規則10条の7第1項）は環境省のホームページ（「第2種動物取扱業者の規制」のページ）に掲載されています。

(ⅱ) 例 外

前述の(ⅰ)に当てはまる場合でも、以下のように変更が軽微なものであるときは、例外的に、変更の届出は必要ありません（動物愛護法24条の3第1項ただし書、施行規則10条の7第2項）。

---

① 主として取り扱う動物の種類・数の減少で、飼養頭数の下限（☞前記⑴(C)）を下回らないもの
② 飼養養施設の規模の増大で、その増大する部分の床面積が、第2種動物取扱業の届出をした時から通算して、その届出時の延べ床面積の30％未満

>　であるもの
>③　届出の添付書類のうち飼養施設の平面図、飼養施設の付近の見取り図に掲げる設備などの変更であって、その増設、配置の変更、現在の設備等と同等以上の機能を有する設備等への改設であるもの

⑴　届出を怠った場合、虚偽の届出をした場合

変更の届出を怠った場合や、虚偽の届出をした場合には、30万円以下の罰金に処せられます（動物愛護法47条1号）。違反者が法人の役員や従業員である場合は、その法人も罰金に処せられます（同法48条2号）。

⑸　廃業などの届出

⒜　内　容

第2種動物取扱業者に次の事由が生じた場合、その日から30日以内に、届出者として定められている人が、そのことを都道府県知事等に届け出る必要があります（動物愛護法24条の4・16条1項1号～4号）。

>①　死亡した場合〈届出者：その相続人〉
>②　法人が合併により消滅した場合〈届出者：その法人の代表者であった者〉
>③　法人が破産手続開始の決定により解散した場合〈届出者：その破産管財人〉
>④　法人が合併・破産手続開始決定以外の理由により解散した場合〈届出者：その清算人〉

届出書の書式（施行規則10条の8）は、環境省のホームページ（「第2種動物取扱業者の規制」のページ）に掲載されています。

⒝　届出を怠った場合、虚偽の届出をした場合

廃業の届出を怠った場合や虚偽の届出をした場合は、20万円以下の過料に処せられます（動物愛護法49条1号）。

また、廃業の届出を怠った場合、都道府県知事等は、第2種動物取扱業者に対して必要な事項の報告を求めたり、飼養施設へ立ち入って検査をしたりすることができます（動物愛護法24条の4・24条）。これに反して報告をしなかったり、虚偽の報告をしたり、検査を妨げたりした場合には、違反者は30

万円以下の罰金に処せられます（同法47条3号）。違反者が法人の役員や従業員である場合は、その法人も罰金に処せられます（同法48条2号）。

(6)　第2種動物取扱業者をめぐる問題点

　譲渡のためのシェルターを有する動物愛護団体も第2種動物取扱業者に含まれますが、キャパシティを超える数の動物を受け入れ、その結果、劣悪な環境で飼養している事例も見られるようです。

　第2種動物取扱業者も、第1種取扱業者と同様に、適正飼養の義務（動物愛護法24条の4・21条1項）が課されており、違反した場合には都道府県知事の勧告や命令、さらに命令に従わない場合には罰金に処せられます（同法47条4号、48条2号）。

　しかしながら、動物愛護団体は第2種動物取扱業者に該当するために届出制がとられており、劣悪な環境で飼養している動物愛護団体であっても、登録取消しのように団体の活動自体を規制する処分ができません。そのため、告発等があっても行政による実効的な措置ができない面があります。

　また、第2種動物取扱業者として届出をしておきながら、実際には明らかに営利目的の活動をしていると思われる団体もあるようです。

　このような理由から、第2種動物取扱業者も登録制を採用すべきであるなど規制の強化を求める意見も見られるようになっています。今後議論がなされることが望まれます。

（第2章 II 3　片口浩子）

> **opinion** 動物取扱業の業界団体の取組み
> 〈全国ペット協会（ZPK）名誉会長　米山由男氏〉
> 　ZPKは、2000年の動物愛護法改正法の施行をきっかけに発足しています。現在、小売業者だけではなくブリーダー、トリマー、ペット学校運営者にも加入してもらっています。当協会としては、ペットとのよりよい暮らしを支えるためには、業界の健全な発展が不可欠と考えており、業界全体としてのレベルアップをめざしてきました。そして、ペットの商売にかかわるものが胸を張れるような社会にしていければよいと考えています。動物愛護法については、常に遵守すべきものと理解し、これまでにも各種研修などで意識を

高めるように努めています。

　法改正の議論がされる際には、「業界が悪い」とよく言われますが、協会としては法令遵守の姿勢を徹底しており、指摘を受けるのは一部の悪質業者です。

　当協会では、殺処分を減らすための取組みとして、①飼い主への啓発、②業界全体のレベルアップを図っていることがあげられます。①については、「家庭動物管理士」という資格認定をしています。この資格制度は、法令遵守とともに、顧客への重要事項説明ができる人材を育成するために始めたものです。透明性・公正性を高めるために、当協会の関与は最小限とし、第三者的立場の認定委員会による資格認定としています。認定委員には、動物愛護団体・消費者団体・学識経験者になってもらっています。現在、約1万人が有資格者です。創設当初は、現業の人が資格をとっていましたが、現在はペットにかかわるかなりの人がとっているようです。また、当協会では、「わんわんにゃんにゃん母子手帳」というものを作っています。これは、動物愛護法で義務付けられている重要事項説明および署名に使うとともに、飼い主の方がその後に飼育するにあたって把握しておくべき基本的な事項をまとめており、飼い主のフォローのために使ってもらっています。

　そのほか、飼い主の悩みを聞いてもらうためのドッグインストラクター資格を立ち上げています。これらの各制度によって、飼い主への十分なフォローアップをしていけるようにしています。②については、先の資格制度のほかに協会として年4回程度の研修を行っています。また、突然ペットを飼育できなくなった業者へのセーフティネットとして、業界向けシェルター制度を設置する団体もあります。

Ⅲ　飼い主

1　飼い主等の責務

⑴　飼い主とは

　動物愛護法では、動物の所有者（所有権を持つ者）または占有者（占有権を持つ者）の責務を定めています。「所有権」とは、所有する者が、法令の制

限内において、その所有物を直接的・全面的に支配して、使用・収益・処分
をする権利をいいます。「占有権」とは、人が物に対して事実上支配する状
態を認める権利のことをいい、自己のためにする意思をもって物を所持すれ
ばよいことになります。動物を購入した場合のように、完全に自分のものと
して飼う場合は所有者といえます。一方、動物を所有者から預かっている場
合や、所有者不明の動物を一時的に保護しているような場合は占有者といえ
ます。

　以下では、所有者と占有者をあわせて「飼い主等」と呼ぶことにします。

　環境省のホームページでは、飼い主の責務について、以下のように簡潔に
まとめていますので、参考にしてください。

飼い主の方へ
■守ってほしい5か条

1．動物の習性等を正しく理解し、最後まで責任をもって飼いましょう
　飼い始める前から正しい飼い方などの知識を持ち、飼い始めたら、動物の
　種類に応じた適切な飼い方をして健康・安全に気を配り、最後まで責任を
　もって飼いましょう。
2．人に危害を加えたり、近隣に迷惑をかけることのないようにしましょう
　糞尿や毛、羽毛などで近隣の生活環境を悪化させたり、公共の場所を汚さ
　ないようにしましょう。また、動物の種類に応じてしつけや訓練をして、
　人に危害を加えたり、鳴き声などで近隣に迷惑をかけることのないように
　しましょう。
3．むやみに繁殖させないようにしましょう
　動物にかけられる手間、時間、空間には限りがあります。きちんと管理で
　きる数を超えないようにしましょう。また、生まれる命に責任が持てない
　のであれば、不妊去勢手術などの繁殖制限措置を行いましょう。
4．動物による感染症の知識を持ちましょう
　動物と人の双方に感染する病気（人と動物の共通感染症）について、正し
　い知識を持ち、自分や他の人への感染を防ぎましょう。
5．盗難や迷子を防ぐため、所有者を明らかにしましょう
　飼っている動物が自分のものであることを示す、マイクロチップ、名札、
　脚環などの標識をつけましょう。

(2)　動物を適切に管理する

　飼い主等には動物を適切に管理することが求められています。動物が命あるものであることを十分に自覚して、その種類、習性等に応じて適正に飼養し、または保管することにより、動物の健康および安全を保持するように努めることが求められます（動物愛護法7条1項）。2019年の動物愛護法改正で、飼い主等は、環境大臣が飼養保管に関する基準を定めているときは、その基準を順守しなければならないことになりました。

　具体的には、「家庭動物等の飼養及び保管に関する基準」（2002年環境省告示）で詳細が定められています。たとえば、動物の種類や発育に応じた必要な運動、休息および睡眠を確保し、適正に餌および水を与えることが必要です。また、病気やけがの予防など日常の健康管理に努めるとともに、病気になった動物や負傷した動物については獣医師による適切な措置をしてもらうことが必要です。病気やけがをした動物を放置することは、虐待に当たるおそれがあります。動物の訓練やしつけ等は、その動物の種類・生態・習性・生理を考慮した適切な方法で行うことが必要です。みだりに殴打したり、酷使するなどすると、虐待とされるおそれがあります。また、動物を飼養・保管するための施設は、その動物の種類・生態・習性・生理を考慮した飼養・保管のための施設を設けることが必要です。施設の設置にあたっては、適切な日照や通風等の確保を図り、施設内における適切な温度や湿度の維持など適切な飼養環境を確保するとともに、適切な衛生状態の維持に配慮しなければなりません。

　なお、動物を適切に飼育しなかった場合は、罰則の対象になるので注意が必要です。2019年の動物愛護法改正で罰則が強化されました（動物愛護法44条1項・2項。☞Ⅵ）。

(3)　他人への危害や近隣に迷惑をかけない

　飼い主には、動物が人の生命、身体もしくは財産に害を加えないように努めること、動物が人に迷惑を及ぼすことのないように努めることが求められています（動物愛護法7条1項）。

(4)　感染症の知識を持ち、予防する

　飼い主等は、動物と人とに共通する感染性の疾病について、動物販売業者が提供する情報その他の情報をもとに、獣医師など十分な知識を有する者の指導を受けることなどにより、正しい知識を持ち、予防に努め、自らの感染のみならず他者への感染の防止に努めなければなりません（動物愛護法7条2項）。

　動物販売業者は、購入者に対し、動物の適正な飼養に関し必要な説明をしなければなりませんので（動物愛護法8条）、購入時に確認するとよいでしょう。動物への接触や排泄物を処理した後は、手洗いや消毒などを行う必要があります。

(5)　逃走防止や迷子防止のために飼い主の明示のための措置をとること

　飼い主等は、動物が逃走することのないように必要な措置を講じなければならず、また、動物が自分の動物であることが明らかになるような措置をとるように努力しなければならないとされています（動物愛護法7条3項・6項）。

　飼い主を明示するための措置の詳細については、「動物が自己の所有に係るものであることを明らかにするための措置」（2006年環境省告示）で定められています。たとえば、家庭動物および展示動物については、所有者の氏名および電話番号等の連絡先等を記した首輪や名札をつけることや、所有情報を特定できる記号が付されたマイクロチップ・入れ墨・脚環などをすることが示されています（マイクロチップについて、☞(8)参照）。また、首輪、名札など、老朽化により脱落し、または消失するおそれの高い識別器具等を着ける場合にあっては、補完的な措置として、可能な限り、マイクロチップや脚環など、より耐久性の高い識別器具等を併用することとされています。動物の発育段階に応じ、識別措置をより適切と考えられるものに換えたり、複数の種類の識別器具等を併用することが望まれます。

　識別器具等を着けるときには、動物に過度の負担がかからない方法で行うことが必要です。特にマイクロチップのように、外科的な措置が必要な識別

器具は、可能な限り獣医師などの専門家によって着装されることが必要です。

　また、識別器具は、破損などしていないか、定期的に点検することも必要となります。

　このように、個体の識別方法を徹底していくことで、迷子の動物や災害時に逃走した動物の所有者が明らかになることから、所有者不明として行政による殺処分の対象となる動物を減少させることに役立ちます。

(6)　終生飼養の責務

　2012年の動物愛護法改正では、飼い主等は、自分のペットについて、飼養または保管の目的等を達するうえで支障のない範囲で、できる限り、その動物が一生を終えるまで適切に飼養するよう努力しなければならないという終生飼養義務が定められました（動物愛護法7条4項）。

　そのためには、動物を飼うにあたり、その動物の生態・習性・生理に関する知識の習得に努め、将来にわたる飼養の可能性について、住宅環境、家族構成の変化も考慮に入れ、慎重に考慮することが望まれます。

　最近では、ペットも人も高齢化が進み、飼い主自身による飼育が困難になったり、ペットの高齢化で介護や徘徊するペットの世話が必要になる場合も増えていますから、このような状況も視野に入れることが必要です。高齢のペットは、譲渡することも容易ではありません。終生飼養のためには、ペットホテルや老犬・老猫ホームの利用を検討する必要がある場合もあります。

　また、野生動物などを飼うときは、飼養・保管の条件に配慮し、譲渡が難しく飼養の中止が容易でないことなども考慮して、慎重に検討することが必要です。

　この終生飼養の義務との関係で、飼い主等が犬や猫を飼うことができなくなって、都道府県等に引取りを求めた場合、終生飼養の義務に照らして相当な理由がないと、引取りを拒否される場合もありますので、注意が必要です（動物愛護法35条1項。☞Ⅳ4）。2012年の動物愛護法改正前は、行政に引取義務があったため、飼い主等が、不要になった動物について、安易に引取りを求めることが殺処分の原因にもなっており、問題となっていました。そのた

め、2012年改正の過程でその点が議論された結果、終生飼養義務が定められ、行政は引取りを拒否できるようになりました。

⑺　繁殖制限の措置

飼い主等は、動物がみだりに繁殖して、適正に飼うことが困難になることのないよう、繁殖に関する適正な措置をとるように努力しなければなりません（動物愛護法7条5項）。2019年の動物愛護法改正では、犬猫の所有者は、繁殖により適正飼養が困難になるおそれのあるときは、繁殖防止のため、生殖を不能にする手術等の措置をとることが義務化されました（同法37条）。具体的には、去勢手術、不妊手術等の繁殖制限の措置を講じる必要があります。

飼い主等の許容範囲を超えた繁殖は、多頭飼育による動物の飼育環境の悪化につながり、餌や水が不十分になったり、不衛生による病気が発生したり、虐待ともなるような状況の発生の可能性があります。また、悪臭や騒音などといった周辺環境への悪影響、終生飼養の放棄などの悪影響を及ぼすこともあります。その予防として、繁殖に関する適正な措置が望まれるところです。これにより、終生飼養の放棄による行政による殺処分も減少するものと考えられます。

⑻　マイクロチップの装着

⒜　マイクロチップの装着義務化、取り外しの禁止

一般の飼い主等の犬猫等販売業者以外の犬または猫の所有者は、当該犬または猫にマイクロチップを装着するよう努めるものとすることとされています（動物愛護法39条の2第2項）。犬猫等販売業者は装着の義務化がなされましたが、一般の飼い主には装着の努力義務化がなされました。

なお、犬または猫の健康および安全の保持上支障が生じるおそれがある場合等以外には、マイクロチップを取り外すことは、犬猫等販売業者と同様に禁止されています（動物愛護法39条の4）。

⒝　情報登録の義務化

一般の飼い主も、犬または猫にマイクロチップを装着した場合は、当該犬

または猫について、環境大臣の登録を受けなければなりません（動物愛護法39条の5第1項1号）。登録を受けようとする者は、環境省令で定めるところにより、氏名および住所、登録を受けようとする犬または猫に装着されているマイクロチップの識別番号等の事項を記載した申請書に、獣医師が発行するマイクロチップ装着証明書（同法39条の3）を添付して環境大臣に提出しなければなりません（同法39条の5第2項、3項）。

登録した情報に変更が生じた場合には、環境省令で定めるところにより、変更を生じた日から30日を経過する日までに、その旨を環境大臣に届け出なければならないとされています（動物愛護法39条の5第8項）。

なお、登録時、登録証明書の再発行を受けるとき、変更登録を受けるときには、国（または指定登録機関が登録等を行う場合には指定登録機関）に政令で定める額の手数料を支払う必要があります（動物愛護法39条の25）。

(C) 犬または猫の譲渡しの際の義務

一般の飼い主が登録を受けた犬または猫の譲渡しをする場合にも、当該犬または猫に係る登録証明書とともにしなければなりません（動物愛護法39条の5第9項）。

また、一般の飼い主であっても、登録を受けた犬または猫を当該犬または猫に係る登録証明書とともに譲り受けた場合は、譲り受けた日から30日を経過する日（その日までに当該犬または猫の譲渡しをする場合にあっては、その譲渡しの日）までに変更登録を受けなければなりません（動物愛護法39条の6第1項2号）。

(D) 死亡等の届出

一般の飼い主も、当該犬または猫が死亡したときその他の環境省令で定める場合に該当するときは、環境省令で定めるところにより、遅滞なく、その旨を環境大臣に届け出なければならなりません（動物愛護法39条の8）（〈図表10〉参照）。

（第2章Ⅲ1(8)　楢木圭祐）

2　多頭飼育の適正化

　全国各地で起こる劣悪な多頭飼育は、社会問題にもなり、その対策が求められていました。

　飼い主等の許容範囲を超えた多頭飼育は、動物の飼育環境の悪化につながり、餌や水が不十分になったり、不衛生な環境のために病気が発生したりと、虐待ともなるような状況が発生する可能性があります。また、悪臭や騒音など周辺環境への悪影響が出たり、終生飼養の放棄などの違法行為に至ることもあります。

　動物の飼育または保管によって周辺の生活環境が損なわれている事態が生じているときは、そのような事態を生じさせている者に対し、都道府県知事等が期限を定めて、その事態を除去するために必要な措置をとるように勧告することができます。この勧告に従わない場合は、そのような措置をとるように都道府県知事等が命令をすることができます（動物愛護法25条）。どのような状況が「生活環境が損なわれている事態」に当たるかについて、従来は内容が明確ではなかったため、勧告や命令の実効性がないのではないか、ということが問題になっていました。そのため、2012年の動物愛護法改正により、規定が明確化されました。具体的には、動物の飼育によって生じる騒音または悪臭の発生、動物の毛の飛散、多数の昆虫の発生等が、生活環境が損なわれている事態とされています（動物愛護法25条１項）。

　さらに、周辺環境が損なわれなくても、動物自体が衰弱するなどの虐待を受けるおそれが生じていれば、都道府県知事等は、飼い主に対し、勧告や命令を出すことができます（動物愛護法25条４項）。この命令に違反した場合は、50万円以下の罰金に処せられます（同法46条の２）。

　多頭飼育等により動物を虐待したとされた場合は、罰則の対象にもなりますので、注意が必要です（動物愛護法44条。☞Ⅵ）。

　2019年の動物愛護法改正で、都道府県知事は飼い主等に飼養保管状況等につき報告を求め、立入り検査等ができることになりました（25条５項）。

　地方公共団体は、条例により、多頭飼育の場合における届出制など必要な措置をとることができます（動物愛護法9条）。自分の住んでいる地方公共団体で、そのような条例が制定されていないか、確認することも必要です。

　「多頭」について、動物愛護法では頭数の規定はありませんが、条例で多頭飼育についての届出制を定めている自治体では、犬猫あわせて10頭以上の飼育を届出の対象としているものが多いようです（茨城県、埼玉県、千葉県、山梨県、長野県、滋賀県、大阪府、滋賀県など）。多頭飼育届出制を設ける自治体は徐々に増えつつあり、検討中の自治体も増えています。

　周辺環境の悪化や動物の虐待、引取り手がないために殺処分となる動物が増えることのないよう、条例による規制や、都道府県知事等による勧告・命令により、未然に多頭飼育の崩壊を防ぐ措置をとることが強く求められます。

（第2章Ⅲ1・2　佐藤光子）

3　特定動物の飼養・保管

(1)　特定動物の飼養の禁止

(A)　原則として禁止される

　人に危害を加えるおそれのある危険な動物（特定動物）は、万一逃げ出したり、無責任な飼い主等に捨てられたりすると、人や生活環境に重大な被害を及ぼします。こうした事態は、その動物の生命も脅かすことにもなりかねません。ですから、こうした特定動物は、原則として飼うことが禁止されています（動物愛護法25条の2）。

　どのような動物が特定動物にあたるかについては施行令で定められており、トラ、タカ、ワニ、マムシなど、哺乳類、鳥類、爬虫類の約650種が対象となります（外来生物法で飼養が規制される動物は除外されます）。特定動物リストは、環境省ホームページ（「特定動物（危険な動物）の飼養又は保管の許可について」）にも掲載されています。

(B)　例外的に許可を得て飼うことのできる場合

　動物園で動物を展示するなど、特定動物を飼う必要のある場合には、動物

の種類ごとに、その飼養施設を置いている場所の都道府県知事等の許可を受ける必要があります（動物愛護法26条）。このように許可を得て特定動物を飼う場合には、飼養施設の構造や保管方法についての基準も決まっているため、これらの基準も守らなくてはなりません。許可の有効期間は、特定動物の種類に応じて、5年を超えない範囲で、都道府県知事等が決定します（施行規則14条）。

(C) 許可が不要な場合

　動物病院などの診療施設で、獣医師が診療目的で特定動物を飼養・保管する場合などには、このような許可を受ける必要はありません（動物愛護法25条の2）。許可が不要とされる場合は、次のとおりです（施行規則13条）。

① 診療施設において獣医師が診療のために特定動物の飼養・保管をする場合
② 非常災害に対する必要な応急措置として特定動物の飼養・保管をする場合
③ 警察の責務として特定動物の飼養・保管をする場合
④ 家畜防疫官が狂犬病・家畜伝染病・感染症の予防、動物検疫所の業務で特定動物の飼養または保管をする場合
⑤ 検疫所職員が感染症の予防、検疫所の業務に伴って特定動物の飼養・保管をする場合
⑥ 税関職員が税関の業務に伴って特定動物の飼養・保管をする場合
⑦ 地方公共団体の職員が法の規定に基づく業務に伴って特定動物の飼養・保管をする場合
⑧ 国または地方公共団体の職員が、絶滅のおそれのある野生動植物の種の保存のための業務で特定動物の飼養・保管をする場合
⑨ 国または地方公共団体の職員が、鳥獣の保護・管理等のための業務で特定動物の飼養・保管をする場合
⑩ 特定動物飼養等の許可を受けた者が、飼養等を許可された区域の外において、3日を超えない期間、許可された特定飼養施設で特定動物の飼養・保管をする場合（ただし、3日前までに都道府県知事に対し、区域外で飼養等をすることの通知をした者に限る）
⑪ 特定動物飼養等の許可を受けた者が死亡し、または解散した日から60日を超えない範囲で、相続人または破産管財人・清算人が、その特定動物の飼養・保管をする場合

(2)　許可の申請の方法

特定動物の許可の申請は、特定動物を飼養する施設（特定飼養施設）の所在地ごとに、法定の様式の申請書を都道府県知事等に提出して行います。

申請書には、特定動物を飼養する施設の構造や規模を示す図面や写真などの必要書類を添付しなければなりません（動物愛護法26条2項）。

申請書の記載事項、添付書類は図表14のとおりです。申請書の様式は、環境省ホームページ（「特定動物（危険な動物）の飼養又は保管の許可について」）に掲載されています。

(3)　許可の基準

特定動物の飼養の許可の条件は、次のとおりです（動物愛護法27条）。

① 特定動物を飼養する施設の構造・規模、特定動物の飼養・保管の方法、特定動物の飼養や保管が困難になった場合にとりうる措置が、環境省令で定める基準（☞図表15）に適合すること
② 申請者が次のいずれにも該当しないこと
　ⓐ 動物愛護法に違反して罰金以上の刑罰を受けた者、その刑罰を受け終えてから、または執行猶予期間を終えてから2年を経過しない者
　ⓑ 特定動物の飼養の許可を取り消されてから2年を経過しない者
　ⓒ ⓐまたはⓑのいずれかに該当する役員を擁する法人

なお、特定動物を飼養することで、人の生命、身体または財産に被害が及び、その防止のため必要があると認められるときは、必要な限度において、許可に条件が付されることがあります。

(4)　変更の許可

特定動物を飼養することの許可を得ていても、新たに違う種類の特定動物を飼養する場合や飼養する数・場所等を変更する場合には、都道府県知事等の許可を得なければなりません（動物愛護法28条。☞図表16）。この場合の許可の基準は、(3)と同じです。

なお、特定動物の飼養または保管が困難になった場合の措置を、殺処分から譲渡に変更する場合には、変更の許可は不要です（動物愛護法28条1項た

〈図表14〉特定動物の飼養の許可の申請書の記載事項、添付書類

申請書の記載事項 （動物愛護法26条2項）	申請書の添付書類 （施行規則15条2項）	申請書の様式
①　氏名または名称、住所（法人は代表者の氏名） ②　特定動物の種類および数 ③　飼養または保管の目的 ④　特定飼養施設の所在地 ⑤　特定飼養施設の構造および規模 ⑥　特定動物の飼養または保管の方法 ⑦　特定動物の飼養または保管が困難になった場合にとるべき措置 ⑧　特定動物の飼養または保管をすでに行っている場合は、当該特定動物の数、当該特定動物にマイクロチップまたは脚環の装着等をしていること ⑨　申請者が法人の場合は、役員の氏名・住所 ⑩　特定動物の管理責任者	①　特定飼養施設の構造および規模を示す図面、特定飼養施設の写真、特定飼養施設の付近の見取図 ②　申請者（法人の場合は、その法人またはその役員）が過去2年以内に動物愛護法違反等で処罰（執行猶予を含む）されたことがないことを説明する書類 ③-ⅰ　特定動物にマイクロチップを装着している場合は、獣医師または行政機関が発行した当該マイクロチップの識別番号の証明書 ③-ⅱ　特定動物に脚環を装着している場合は、脚環の識別番号の証明書および装着状況を撮影した写真 ④　特定動物の飼養または保管に関する管理の体制を記載した書類（管理責任者以外に特定動物の飼養または保管を行う者がいる場合に限る） ⑤　特定飼養施設の保守点検に関する計画 ⑥　その他、都道府県知事が必要であると判断して提出を求めた書類	施行規則様式14

第2章　動物愛護法の解説

〈図表15〉特定動物の飼養に必要となる基準（環境省令で定める基準・施行規則
　　　　　 17条）

①	特定飼養施設の構造および規模が次のとおりであること ⅰ　特定動物の種類に応じ、その逸走を防止できる構造・強度であること ⅱ　特定動物の取扱者以外の者が容易に当該特定動物に触れるおそれがない構造・規模であること（ただし、観覧者の動物に関する知識を深めることを目的として展示している特定動物のうち、観覧者等の安全性が確保されていると都道府県知事が認めた場合を除く） ⅲ　上記のほか、特定動物の種類ごとに環境大臣が定める特定飼養施設の構造および規模に関する基準の細目を満たしていること（ただし、観覧者の動物に関する知識を深めることを目的として展示している特定動物のうち、観覧者等の安全性が確保されていると都道府県知事が認めた場合を除く）
②	特定動物の飼養または保管の方法が、人の生命、身体または財産に対する侵害を防止するうえで不適当でないこと
③	特定動物の飼養または保管が困難になった場合における措置が、次のいずれかに該当すること ⅰ　譲渡先または譲渡先を探すための体制の確保 ⅱ　殺処分（ⅰを行うことが困難な場合であって、自らの責任においてこれを行う場合に限る）

〈図表16〉変更の許可の申請が必要となる場合と申請の際の添付書類

	変更の内容 （動物愛護法28条）	添付書類 （施行規則18条）	申請書類
①	特定動物の種類および数		
②	特定飼養施設の所在地	ⓐ　変更後の特定飼養施設の構造および規模を示す図面 ⓑ　特定飼養施設の写真 ⓒ　特定飼養施設の付近の見取図 ⓓ　都道府県知事が必要として提出を求めた書類	施行規則様式18
③	特定飼養施設の構造および規模		
④	特定動物の飼養または保管の方法		
⑤	特定動物の飼養または保管が困難になった場合の措置		

だし書、施行規則18条4項・17条3号）。

変更の許可を必要としない場合（図表16に載っていない事項について変更があった場合）でも、変更があった日から30日以内に、変更内容を都道府県知事等に届け出なければなりません（動物愛護法28条3項）。

(5)　特定動物を飼養する者の義務の内容

特定動物を飼養する者は、飼養の許可を受けた後も、当該特定動物の特定飼養施設の点検を定期的に行い、当該特定動物についてその許可を受けていることを明らかにするなど、さまざまな義務を負っています（動物愛護法31条、施行規則20条）。義務の内容は、おおむね、①飼養施設の構造や規模に関するもの、②飼養施設の管理方法に関するもの、③動物の管理方法に関するもの、に分類できます。これらの義務の詳細については、環境省告示で示されているものもあります（☞図表17）。

(6)　許可の取消し

特定飼養施設の構造や管理が不適切で許可基準が守られていないなど、次のいずれかに該当する場合は、特定動物の飼養・保管の許可は取り消されます（動物愛護法29条）。

① 不正の手段により特定動物飼養者の許可を受けたとき
② 特定飼養施設の構造・規模・特定動物の飼養・保管の方法が、許可基準（☞図表15）に適合しなくなったとき
③ 別の特定動物の飼養・保管の許可を取り消されてから2年を経過していないとき
④ 動物愛護法または動物愛護法に基づく命令や処分に違反したとき

(7)　措　置

特定動物の飼養者が、飼養・保管の義務（☞図表17）に違反したり、許可の基準に違反している場合、特定動物による人の生命、身体または財産に対する侵害を防止するため必要なときは、都道府県知事等が、その特定動物の飼養・保管の方法の改善のための措置をとるよう命令することができます（動物愛護法32条）。

〈図表17〉特定動物の飼養者の義務

	義務の内容	告示で示されている基準の名称
飼養施設の構造や規模について	① 一定の基準を満たした、おり型施設、擁壁式施設、移動用施設または水槽型施設等などで飼養・保管すること ② 逸走を防止できる構造および強度を確保すること	特定飼養施設の構造及び規模に関する基準の細目
飼養施設の管理方法について	① 定期的な施設の点検を実施する（特定飼養施設は1カ月に1回以上、屋外の擁壁式施設等は1日1回以上） ② 第三者の接触を防止する措置をとること ③ 特定動物を飼養している旨の標識を掲示すること	特定動物の飼養又は保管の方法の細目
動物の管理方法について	① 施設外飼養の禁止 ② マイクロチップ等による個体識別措置をとる（鳥類は脚環でも可能）こと	

(8) 報告、立入検査

　都道府県知事等は、特定動物の飼養者に対し、特定飼養施設の状況、特定動物の飼養・保管の方法など、特定動物飼養者に課された義務を履行するために必要な事項について報告を求めたり、自治体の職員を、特定飼養施設を設置する場所や関係のある場所に立ち入らせて特定飼養施設等の物件を検査させることができます（動物愛護法33条）。

(9) 罰　則

　特定動物飼養者が以下の行為を行った場合には、個人の場合は6カ月以下の懲役または100万円以下の罰金、法人の場合は5000万円以下の罰金に処せられます（動物愛護法45条・48条1号）。

> ①　無許可で特定動物を飼養または保管した場合
> ②　不正の手段で許可を受けた場合
> ③　許可なく以下の変更をした場合
> 　ⓐ　特定動物の種類・数、飼養施設の所在地、飼養施設の構造・規模
> 　ⓑ　飼養または保管の方法、飼養または保管が困難になった場合の対処方法

（第2章Ⅲ3　市野綾子）

4　犬猫の繁殖制限

　2019年の動物愛護法改正では、犬猫の所有者は、繁殖により適正飼養が困難になるおそれのあるときは、繁殖防止のため、生殖を不能にする手術等の措置をとることが義務化されました（動物愛護法37条1項）。繁殖制限をすることなく、飼い主等の許容範囲を超えた多頭飼育になってしまうと、動物の飼育環境の悪化につながり、餌や水やりが不十分になったり、不衛生による病気が発生したり、虐待ともなるような状況の発生の可能性があります（虐待と思われる状況は、罰則の対象ともなってしまいます）。また、悪臭や騒音など周辺環境への悪影響、終生飼養の放棄などの悪影響を及ぼすことにもなります。

　「家庭動物等の飼養及び保管に関する基準」（2002年環境省告示）では、飼い主は、その飼養・保管する家庭動物等が繁殖し、飼育数が増加しても、適切な飼育環境および終生飼養の確保または適切な譲渡が自らの責任において可能である場合を除き、原則として、去勢手術、不妊手術、雄雌の分別飼育など、繁殖を制限するための措置を講ずることが求められています。

　繁殖しすぎて飼いきれなくなった犬猫を行政に持ち込むことは殺処分数の増加につながりますが、動物愛護法の2012年改正により、行政は、引取りを拒否することができるようになっています（☞Ⅳ4）。また、都道府県等は、犬や猫の飼い主に引取りを求められた場合は、繁殖制限の措置に関する指導や助言をするよう努力することが求められています（動物愛護法37条2項）。

5 動物愛護推進員、動物愛護協議会

(1) 動物愛護推進員

　動物愛護推進員とは、地域における犬や猫などの動物の愛護の推進に熱意と識見を有する者から、都道府県知事等によって委嘱された者です（動物愛護法38条）。

　動物愛護推進員は、犬猫等の動物の愛護と適正な飼養の重要性について住民の理解を深める活動、住民に対して犬猫等の動物がみだりに繁殖することを防止するための措置に必要な助言をすること、犬猫等の飼い主等に対し動物が適正な飼養を受ける機会を与えるため譲渡のあっせん等の支援をすることなどを行います。このような活動により、不要な犬猫として行政に持ち込まれる犬猫の数の減少につながり、殺処分減少に役立つものといえるでしょう。

　また、動物愛護推進員は、犬猫等の動物の愛護と適正な飼養の促進のために国や都道府県などが行う施策に必要な協力をします。具体的には、動物の適正飼養の普及・啓発、学校や老人施設等での動物とのふれあい事業、引取動物等の譲渡推進、犬猫の不妊去勢の推進、人と動物の共通感染症に対する正しい知識の普及・啓発、動物の所有者確認のための標識等の検討・普及などに協力をします。

　動物愛護法の2012年改正では、災害時に国や都道府県などが行う犬猫等の動物の避難・保護等に関する施策に協力をすること（38条2項5号）も、動物愛護推進員の活動に加えられました。

　動物愛護推進員は、動物の愛護と適正な飼養のためには行政だけの活動では不十分であることから、地域に密着した民間による活動や、行政と民間の連携が必要であると考えられて、設けられた制度といえます。2019年の動物愛護法改正では、都道府県知事等は動物愛護推進員を委嘱するよう努めるものと規定されました（38条1項）。

⑵　動物愛護協議会

　動物愛護協議会とは、動物愛護推進員の委嘱の推進、動物愛護推進員の活動に対する支援等に必要な協議など、推進員が地域に根ざした活動をする場合の支援や、都道府県等の動物愛護管理担当職員との連携を果たすための協議会です（動物愛護法39条）。

　動物愛護協議会は、都道府県等、動物の愛護を目的とする一般社団法人または一般財団法人、獣医師の団体、動物の愛護と適正な飼養について普及・啓発を行っている団体等によって組織することができます。

　協議会は、動物愛護推進員の個人による活動を実効性あるものにしていくために必要な団体といえます。動物愛護推進員の委嘱の推進、動物愛護管理の普及・啓発を行っている団体は、会員がすでに動物愛護活動の実績があることなどから、会員の中で推進員にふさわしい人材を推薦できる団体といえます。また、自治体によっては、動物愛護推進員を公募しているところもあり、自治体によって選任方法も異なっています。動物愛護推進員の活動に対する支援としては、動物愛護推進員の活動計画の協議、動物愛護推進員の資質向上や、活動を継続していくうえで必要・有益な情報を提供するための研修会等の開催、動物愛護推進員が参加できる各種事業の実施、動物愛護推進員の活動に対する指導・助言をすること、また、動物愛護推進員活動報告会等を運営することなどがあります。

（第2章Ⅲ4・5　佐藤光子）

コラム⑥　飼い主の責任

　ペットが他人に損害を与えた場合、飼い主に、民法上や刑法上、どのような責任が生じるのでしょうか。

◆民法上の責任

　まず、民法では、動物の占有者またはそれに代わって動物を管理する者は、その動物が他人に加えた損害を賠償する責任を負うと規定されています（民法718条）。ペットの飼い主は、通常、動物を占有して

いる者に当たりますので、この規定によって、民法上の責任を負うことになります。

具体的には、飼い主は、ペットが他人にけがをさせた場合、その治療費や慰謝料等を支払う義務を負うことになりますし、他人の物を傷つけた場合は、その財産的価値等を賠償する義務を負うことになります。

それでは、飼い主はいかなる場合でも民法上の責任を負うのでしょうか。

飼い主がいくら注意したとしても、ペットの行動のすべてをコントロールできるわけではありません。そのため、民法では、飼い主がペットの種類や性質に従って相当の注意をもって管理している場合には、損害賠償義務を免れるとの規定を設けています（民法718条1項ただし書）。

もっとも、この規定によって、飼い主が実際に責任を免れたケースはほとんど見当たりませんので、ペットの飼い主には、かなり高度の注意義務を課されているとみてよいでしょう。

◆刑法上の責任

次に、刑法上の責任をみてみます。

飼い主には、自分のペットが他人に危害を加えることを未然に防止する注意義務があります。そのため、ペットが他人を死傷させてしまった場合には、たとえ飼い主に、他人を傷つける意図がなくとも、飼い主には、その過失の程度に応じて、過失致死罪（刑法210条）や過失致傷罪（同法209条1項）、重過失致死傷罪（同法211条1項後段）という罪が成立します。過失致死罪の場合は50万円以下の罰金、過失致傷罪の場合は30万円以下の罰金または科料、重過失致傷の場合は5年以下の懲役もしくは禁錮または100万円以下の罰金に処せられます。

実際、ペットが他人を死傷させたとして飼い主が起訴され、これらの罪で有罪となった裁判例も存在していますので、飼い主としては、ペットが他人を傷つけることのないよう、厳重に管理する必要があります。

> ペットの飼い主になるということは、ペットの命に対して責任を持つ側面があるということはもちろんですが、他人の生命・身体・財産に対して責任を持つ側面もある行為なのです。飼い主としての責任を気楽に考え、安易にペットを求めるといった行動は、厳に慎まなくてはなりません。
> （高本健太）

Ⅳ　行　政

1　行政の役割

　動物愛護法において、行政には、動物取扱業者や飼い主に対する勧告命令等を行う権限が認められています。したがって、行政は、人と動物が共生する社会の実現のために、動物愛護法の基本理念に則り、適切にこれらの権限を行使することが求められます。

　近年、動物取扱業者による動物の大量遺棄事件や、劣悪な環境で動物の飼育を行う動物取扱業者、一般家庭での動物の多頭飼育の問題などが社会問題化しています。このような問題については、行政が適切に対処し、問題解決にあたることが必要でしょう。

　また、動物愛護の精神を広く一般市民に理解してもらうための普及・啓発活動も行政に期待される役割であるといえます。

（第2章Ⅳ1　吉田理人）

2　動物愛護管理推進計画の策定

⑴　基本指針と動物愛護管理推進計画

　動物愛護法に基づき、環境省は、「動物の愛護及び管理に関する施策を総合的に推進するための基本的な指針」（2006年10月31日）をとりまとめています（動物愛護法5条1項）。これに基づき、都道府県等は、地域の実情を踏まえ、動物の愛護および管理に関する行政の基本的方向性や中長期的な目標を

明確化するとともに、当該目標達成のための手段および実施主体の設定等を行うことにより、計画的かつ統一的に施策を遂行すること等を目的として「動物愛護管理推進計画」を策定するものとされています（同法6条1項）。

(2)　動物愛護管理推進計画

動物愛護管理推進計画は、各都道府県等を対象地域として、各都道府県等において、計画期間を、原則として2014年4月1日〜2024年3月31日の10年間として策定されることになっています。

また、都道府県等が動物愛護管理推進計画を策定した場合には、速やかに広報等により公表するように努めなければならず（動物愛護法6条5項）、多くの自治体がインターネット上に推進計画を公表しています。

(3)　基本指針の考え方と動物愛護管理推進計画

動物愛護法6条では、都道府県は、基本指針に即して、地域の実情に応じ、またあらかじめ関係市町村の意見を聴いたうえで、「動物愛護管理推進計画」を策定することとされています。以下、基本指針の内容を確認していきます。

(A)　基本的な考え方

基本指針においては、まず、「動物の愛護の基本は、人においてその命が大切なように、動物の命についてもその尊厳を守るということにある」として動物愛護の指針を示しています。そして次に、動物管理の必要性をも明示し、動物愛護の精神と管理の両面から、国民全体の合意形成を図ってゆくことをうたっています。

(B)　今後の施策展開の方向

基本指針においては、今後の施策展開の方向として、2023年までに、以下の取組みが実施されるべきであるとしています。

① 普及啓発

国および地方公共団体は、動物の愛護および管理に関する教育活動、広報活動等を実施することとされています。特に飼い主等の責務のうち、終生飼養や適切な繁殖制限措置を講ずることについて積極的に広報を行うことが求められています。

② 適正飼養の推進による動物の健康と安全の確保

　　適正飼養を推進するためには飼い主に対する教育が重要であるとの認識のもと、みだりな繁殖を防止するための不妊去勢の推進、安易な飼養の抑制等による終生飼養の徹底、販売時における動物取扱業者からの説明・指導等が適切に行われることなどにより、2023年度の都道府県等の犬猫の引取数について、2004年度比75％減となる、おおむね10万頭をめざすとしています。また、元の所有者等への返還や、飼養を希望する者への譲渡等について、インターネット等を活用しながら進めることにより、殺処分率のさらなる減少を図るとされています。

③ 動物による危害や迷惑問題の防止

　　動物の不適切な飼養により、動物による危害および多数の動物の飼養に起因して、周辺の生活環境が損なわれる事態などの迷惑問題が発生していることから、住宅密集地において飼い主のいない猫に不妊去勢手術を施して地域住民の理解を図るなど飼い主のいない猫を生み出さないとする、いわゆる「地域猫」対策を推進するとされています。

④ 所有明示（個体識別）措置の推進

　　マイクロチップの普及を推進することにより、犬猫に関する所有明示の実施率の倍増を図るとされています。

⑤ 動物取扱業の適正化

　　動物取扱業の登録制度の遵守を引き続き推進するとともに、新たな規制の着実な運用を図ること、優良な動物取扱業の育成策を検討し、業界全体の資質の向上を図ること、地方公共団体による動物取扱業者に対する監視指導をより強化することができるよう、国はその支援策を検討することとされています。

⑥ 実験動物の適正な取扱いの推進

　　実験動物について国際的に普及し定着している実験動物の取扱いに関する基本的考え方である「3Rの原則」（Replacement：代替法の活用、Reduction：使用数の削減、Refinement：苦痛の軽減）を踏まえた適切な措

置を講ずることが必要であるとしています。

⑦　産業動物の適正な取扱いの推進

　　産業動物とは、食肉や皮革などの畜産製品の生産のために利用される
ものです。「産業動物の飼養及び保管に関する基準」（1987年総理府告示）
によれば、「産業等の利用に供するため、飼養し、又は保管している哺
乳類及び鳥類に属する動物をいう」とされており、具体的には、牛・
豚・馬・ヒツジ・山羊・鶏・アヒル・ミツバチなど、その生産物や労働
力が人間にとって有用なものとなる動物たちのことをいいます。

　　そして、産業動物について、国際的な動向も踏まえ、動物愛護の精神
に則った取扱いを推進する「アニマルウェルフェア」を推進するとして
います。「アニマルウェルフェア」とは、「快適性に配慮した家畜の飼養
管理」と定義されており、国際的に、①飢餓と渇きからの自由、②苦痛、
傷害または疾病からの自由、③恐怖および苦悩からの自由、④物理的、
熱の不快さからの自由、⑤正常な行動ができる自由、を内容とするとい
う理解が定着しています。

⑧　災害時対策

　　特に東日本大震災をきっかけとして、地震等の緊急災害時における被
災地に取り残された動物の収容や餌の確保、特定動物の逸走の防止や捕
獲等の措置が、関係機関等の連携の下に迅速・安全かつ適切に行われる
ことが必要であり、地域性・災害の種類に応じた準備態勢を平素から確
保しておく必要がある、としています。

⑨　人材育成

　　国は、動物愛護管理行政担当者の専門的な知識や技術の習得に対する
支援を行うこととされています。

⑩　調査研究の推進

　　国民の理解のもと、動物愛護に関する施策を推進するためには、科学
的知見に基づいた施策の展開が必要であることから、国内外の事例や実
態を調査研究する必要があるとしています。そして、具体的には、幼齢

の犬猫が人間と適切な関係を構築するために親と引き離してもよい適切な時期についての科学的知見を充実させること、犬猫にマイクロチップを装着させるための方策に関する調査研究を実施すること、遺棄に関する国内外の罰則の適用状況と具体的事例についての調査研究などを行うこととされています。

（第2章Ⅳ2　芝田麻里）

コラム⑦　東京都の災害時対策推進計画

　東京都では、伊豆大島や三宅島での噴火災害や他県での災害を踏まえ、従前から動物の同行避難を前提として対策等を推進しています。具体的には、以下のような体制を整えるとしています。

①　災害時の動物救援機能等の強化

ⓐ　家庭動物の防災対策に関する普及・啓発

　　災害発生時には、まず飼い主が自らの安全の確保に努め、飼い主の責任で飼養動物の保護を行わなければなりません。犬や猫を同行して避難するために、飼養動物の防災用品の備蓄や健康管理、ケージに入るためのしつけなど、飼い主が日頃から備えておくべき内容について、区市町村と連携し、防災訓練や講習会等の機会を通じて普及・啓発していくとしています。

ⓑ　災害時の動物救護に関する協定の締結の推進

　　災害発生時に、関係団体との連携・協力体制を迅速に整えるため、災害時の動物救護に関する協定の締結を推進していくとしています。また、定期的な連絡会や防災訓練の合同実施などにより連携を強化し、災害発生時の動物対応マニュアルを整備していくとしています。

②　区市町村の災害時対策の推進

ⓐ　区市町村の防災計画やマニュアル整備の推進、ボランティアとの連携の推進

　　災害時に、飼い主と同行避難した動物や、住民が避難した後、

地域に残された動物への対応が的確に行われるよう、区市町村の防災計画の整備を一層働きかけること、区市町村が防災計画に定めた同行避難に関する内容が、災害時に円滑に実施されるよう、避難所等におけるケージなどの確保や、災害発生時の動物対応マニュアルの整備について、区市町村の取組みが促進されるよう支援することなどが盛り込まれています。

　また、災害時の動物の避難や保護に関して、動物愛護推進員が区市町村と連携して対応することができるよう研修を実施するとされています。

③　特定動物の災害時対策の徹底

　災害発生時における特定動物の逸走を防止するため、特定動物飼養施設の管理責任者に対して、飼養施設の保守点検を徹底させ、逸走防止に関する指導を強化するとしています。

④　動物取扱業者の災害時対策の徹底

　飼養保管している動物の災害発生時における保護と管理について、平常時から避難場所の確保やマニュアルの整備などに主体的に取り組むよう、動物取扱業者に対する指導を徹底するとされています。

（芝田麻里）

3　動物の適正な取扱いに関する行政による指導、勧告・命令等

⑴　地方公共団体の措置

⒜　所有者等への指導

　地方公共団体は、動物の健康および安全を保持するため、もしくは、動物が人に迷惑を及ぼすことのないよう、条例の定めに従い、飼い主等に指導をすることができます（動物愛護法9条前段）。

　地方公共団体による指導は、動物の飼い主等に飼育状況の改善等を促す効果が期待できます。動物が人に迷惑をかける場合に限らず、動物自体の健康および安全を保持する場合にも指導できるとされていることから、動物のた

9月刊

終活契約の実務と書式

A 5判・424頁・定価 3,960円（本体 3,600円＋税10%）

特定非営利活動法人　遺言・相続・財産管理支援センター　編

英国意思能力判定の手引—MCA2005と医師・法律家・福祉関係者への指針—

A 5判・300頁・定価 4,400円（本体 4,000円＋税10%）

英国医師会　英国法曹協会　著　新井　誠　監訳　紺野包子　訳

"当事者に寄り添う"家事調停委員の基本姿勢と実践技術

A 5判・208頁・定価 2,640円（本体 2,400円＋税10%）

飯田邦男　著

8月刊

社会を変えてきた弁護士の挑戦—不可能を可能にした闘い—

A 5判・410頁・定価 3,300円（本体 3,000円＋税10%）

アンケートご協力のお願い

回QRコードもしくはFAXにてご回答ください。

FAX 03-5798-7258

購入した書籍名	動物愛護法入門 [第2版]

● 弊社のホームページをご覧になったことはありますか。

・よく見る　　　　　・ときどき見る　　　　　・ほとんど見ない　　　　　・見たことがない

● 本書をどのようにご購入されましたか。

・書店（書店名　　　　　　　　）　　　　　・直接弊社から
・Amazon　　　　　　　　　　　　　　　・ネット書店（書店名　　　　　）
・贈呈　　　　　　　　　　　　　　　　　・その他（　　　　　　　　　　）

● 本書の満足度をお聞かせください。

（　・非常に良い　　　・良い　　　・普通　　　・悪い　　　・非常に悪い　）

● 上記のように評価された理由をご自由にお書きください。

● 本書を友人・知人に薦める可能性がどのくらいありますか？

（　・ぜひ薦めたい　　　・薦めたい　　　・普通　　　・薦めない　・薦めたくない　）

●本書に対するご意見や、出版してほしい企画等をお聞かせください。

■ご協力ありがとうございました。

住所（〒　　　　）

フリガナ
氏名
（担当者名）

TEL. （　　）　　　内
FAX. （　　）　　　　

お得な情報が満載のメルマガ（新刊案内）をご希望の方はこちらにご記入、もしくは表面のQRコードにアクセスしてください。
（メルマガ希望の方のみ）

Email：

注文申込書

ご注文はFAXまたはホームページにてご受付けております

FAX 03-5798-7258
http://www.minjiho.com

本申込書で送料無料になります

※弊社へ直接お申込みの場合にのみ有効です。

お申込日　令和　　年　　月　　日

書籍名

	冊
	号から申込み

現代 消費者法【年間購読】 年4回刊・定価 8,400円（本体 7,636円＋税10%・送料込）

個人情報の取扱い　ご記入いただいた個人情報は、お申込書籍等の送付およびご案内のみに利用いたします。

（新刊案内2209）

めの指導も可能です。

　⒝　**多頭飼育者の届出制度**

　地方公共団体は、条例により、多数の動物を飼っている人について届出を
させるなどの措置をとることができます（動物愛護法9条後段）。

　多頭飼育者の届出制を条例で定めている地方公共団体が増えています。

　たとえば山梨県では、条例で、犬または猫を合計10匹以上飼っている飼い
主について届出義務を課すとともに、知事が、多頭飼育をしている飼い主に
対して、飼養施設の構造や飼養方法について、助言・指導できる旨が明示さ
れています（山梨県動物の愛護及び管理に関する条例13条・16条）。

　届出制とすることにより、飼い主に対し、適正な環境で、適正な頭数を飼
育するよう促す効果が期待できます。今後も、このような届出制を採用する
地方公共団体が増えると考えられます。

⑵　**動物取扱業者に対する勧告・命令、検査等**

　⒜　**動物取扱業者への勧告・命令**

　　⒤　**動物取扱業者に対する勧告**

　都道府県知事等は、第1種動物取扱業者に対して、以下の場合に、原則と
して3カ月以内の期限を定めて、必要な措置をとるよう勧告をすることがで
きます（動物愛護法23条1項・2項・5項）。

---

①　動物の健康および安全を保持するとともに、生活環境の保全上の支障が生
　ずることを防止するため、取り扱う動物の管理の方法等に関し施行規則や条
　例で定める基準を遵守していない場合（動物愛護法21条1項・4項違反）
②　犬猫等の販売業者が、犬猫等の販売にあたり、購入希望者に対して、適切
　な情報提供等を行わない場合（動物愛護法21条の4違反）
③　動物取扱責任者に動物取扱責任者研修を受けさせていない場合（動物愛護
　法22条3項違反）
④　週齢規制に違反して、犬または猫を販売のために引き渡し、または展示し
　た場合（動物愛護法22条の5違反。週齢規制について、☞Ⅱ2⑷(E)⒤)

　第2種動物取扱業者については、①の場合のみ、勧告することができます

第2章　動物愛護法の解説

（動物愛護法24条の4・23条1項）。

(ii) 動物取扱業者に対する公表

　動物取扱業者が、都道府県知事等の行った勧告について期限内に従わない場合には、都道府県知事等は、その旨を公表することができます。公表の措置は、第1種動物取扱業者、第2種動物取扱業者ともにその対象となります（動物愛護法23条3項・24条の4）。

(iii) 動物取扱業者に対する命令

　動物取扱業者が、都道府県知事等の行った勧告に従わない場合には、都道府県知事等は、勧告を受けた者に対して、期限を定めて、勧告についての措置をとるよう命令することができます（動物愛護法23条4項・24条の4）。

　第1種動物取扱業者が、この命令に従わない場合には、都道府県知事等は、登録の取消し、または、6カ月以内の期限を定めて業務の全部もしくは一部の停止を命じることができます（動物愛護法19条1項6号）。

　都道府県知事等は、これらの勧告、命令、業務停止、登録取消しなどの手法によって、動物取扱業者に法令を遵守するよう求めるとともに、悪質な業者を取り締まることが可能となります。

(B) 報告、立入検査

　都道府県知事等は、第1種動物取扱業者および第2種動物取扱業者に対し、飼養施設の状況、その取り扱う動物の管理の方法その他必要な事項に関して報告を求めることができます。さらに、都道府県知事等は、その職員に第1種動物取扱業者の事業所その他関係のある場所に立ち入り、飼養施設その他の物件を検査させることができます（動物愛護法24条1項）。

　この立入検査によって、守るべき基準が守られていない場合や、飼養施設が不適切と認められた場合には、その業者に対して、勧告や改善命令を行うことができます（動物愛護法23条）。

　行政にこのような立入権限や検査権限が認められないと、法令によって適切な管理を求めたとしても、実効的に取り締まることができません。このような立入権限が定められたことによって、悪質業者に対して実効的な取締り

が行われることが期待されます。

　なお、立入検査をする職員は、身分証明書を携帯し、関係人に提示しなければなりません。また、この立入検査の権限は、犯罪捜査のために認められたものと解釈してはならないと定められていますので、動物愛護法と無関係な犯罪の捜査目的での立入りは認められません（動物愛護法24条2項・3項）。

⑶　第1種動物取扱業者であった者に対する勧告等

　第1種動物取扱業者が登録の更新をしなかった場合や動物取扱業を廃業した場合等、登録の効力を失った場合、または登録が取り消された場合であっても、都道府県知事等は、当該第1種動物取扱業者であった者に対し、登録の効力が失われ、もしくは登録が取り消されたときから2年間は、動物の不適正な飼養または保管により動物の健康および安全が害されること並びに周辺の生活環境の保全上の支障が生ずることを防止するために、期限を定めて、必要な勧告をすることができます（動物愛護法24条の2第1項）。また、第1種動物取扱業者であった者が、都道府県知事等の勧告に正当な理由がなく従わなかった場合には、期限を定めて、勧告についての措置をとるよう命令することができます（動物愛護法24条の2第2項）。

　都道府県知事等は、第1種動物取扱業者であった者に対しても前記勧告・命令のために必要な限度において、飼養施設の状況、その飼養もしくは保管をする動物の管理の方法その他必要な事項に関し報告を求め、その者の飼養施設等に立入検査をさせることができます（動物愛護法24条の2第3項・4項）。

⑷　特定動物の飼養者に対する命令・検査等

Ⓐ　特定動物の飼養者に対する命令

　都道府県知事等は、特定動物の飼養者が、特定飼養施設の定期点検を行わない場合や許可の際に付された条件に違反した場合などにおいて、特定動物による人の生命、身体または財産に対する侵害の防止のために必要があると認めるときは、その特定動物の飼養または保管の方法の改善その他必要な措置をとるべきことを命じることができます（動物愛護法32条）。特定動物の飼

養者が、この命令に違反した場合には、許可の取消しの対象となります（同法29条4号）。

(B)　報告、立入検査

　都道府県知事等は、特定動物飼養者に対し、特定飼養施設の状況、特定動物の飼養または保管の方法その他必要な事項について報告を求めることができます。

　さらに、都道府県知事等は、その職員に、特定動物飼養者の特定飼養施設を設置する場所その他関係のある場所に立ち入り、飼養施設その他の物件を検査させることができます。この立入検査によって、守るべき基準が守られていない場合や、飼養施設が不適切と認められた場合には、その特定動物の飼養者に対して、勧告や改善命令を行うことができます（動物愛護法33条）。

　立入検査をする職員は、身分証明書を携帯し、関係人に提示しなければなりません。また、この立入検査の権限は、犯罪捜査のために認められたものと解釈してはならないと定められています。

(5)　飼養者に対する勧告・命令等

　都道府県知事等は、以下の場合に、動物を飼養または保管している者等が下記①もしくは②に記載する事態を生じさせた場合には、その者に対して、指導助言・勧告・命令等をすることができます（☞Ⅲ2）。

---

①　動物の飼養、保管または給餌もしくは給水によって、騒音または悪臭の発生、動物の毛の飛散、多数の昆虫の発生等によって周辺の生活環境が損なわれている場合
②　動物の飼養または保管が適正でないことによって、動物が衰弱する等の虐待を受けるおそれがある場合

　法律上、①の場合には、都道府県知事等が指導助言をすることができるとされています（動物愛護法25条1項）。また、①の場合に都道府県知事等が命令を出すためには、事前に勧告をし、勧告を受けた者が、当該勧告に従わないことが必要とされていますが、②の場合には、このような制限がないので、勧告なしに命令をすることもできます（同法25条2項・3項）。

　都道府県知事等は、上記指導助言・勧告・命令に必要な限度で、飼養者等に報告を求め、または飼養場所等に立入り、検査をすることができます（動物愛護法25条5項・6項）。

　この条文によって、指導助言・勧告・命令の対象とされているのは、動物取扱業者に限られていませんので、一般の飼い主についても、多頭飼育等によって上記①②の事態を生じさせている場合には、指導助言・勧告・命令ができます。さらに条文上は、指導助言・勧告・命令の対象者は「事態を生じさせている者」と定められているので、原因者と認められれば、飼養管理者に限らず、指導助言・勧告・命令の対象となり得ます。また、「多頭飼育」という要件は定められていないため、多頭飼育に該当しない場合でも、動物の飼養・保管等により①②の事態が生じれば、指導助言・勧告・命令の対象となります。

> ### コラム⑧　地域猫に関する新宿区の取組み
>
> 　犬猫の引取り数を減少させるため、各自治体でもさまざまな取組みがなされています。
>
> 　新宿区では、地域猫対策に積極的に取り組み、2001年度に新宿区民が東京都動物愛護相談センターに持ち込んだ子猫の引取り数が278匹であったのが、2013年度には9匹にまで減少しました。そこで、元新宿区職員で、現在は「新宿区人と猫との調和のとれたまちづくり連絡協議会」の顧問をされている高木優治さんに、新宿区で行われていた地域猫対策やその中での行政の役割について話を聞きました。
>
> ◆「地域猫対策」とは
>
> 　「地域猫対策」といわれている活動は、地域に生息する野良猫に不妊去勢手術を施すとともに、不妊去勢手術をした猫に、地域の住民が適切に餌やりなどを行って地域で面倒をみようという活動です。この地域猫の活動を行政の政策として初めに打ち出したのは、2000年に東京都が行った「『飼い主のいない猫』との共生モデルプラン」事業が初めてではないかと思います。これは、1998年に東京都が「東京都動

物保護管理審議会」に猫問題について答申を求め、1999年に同審議会から出された答申に基づくものでした。このモデルプラン事業では、地域猫対策について、以下のような基本的な考え方に立っています。

① 猫を排除するのではなく、命あるものとして取り組むものであること

② 飼い主のいない猫の数を減らしていくために取り組むものであること

③ 猫の問題を地域の問題として住民が主体的に取り組むものであること

④ 地域の飼い主が猫を適正飼育していくことが前提となること

⑤ 地域の実情に応じたルールをつくって取り組むものであること

⑥ 猫が好きではない人や猫をはじめ動物を飼養していない人の立場を尊重するものであること

このモデル事業の特徴は、単純に不妊去勢手術をすることだけを目的とするものではなく、「飼い主のいない猫」対策を地域の課題として取り組み、地域内で合意形成をめざすという点にありました。

◆ TNR＋M

野良猫対策の方法としては、これまで TNR ということがいわれていました。TNR とは、T（トラップ：捕まえる）、N（ニューター：手術する）、R（リターン：戻す）という意味であり、不妊去勢手術をして野良猫が増えないようにするという方法です。

しかし、地域猫対策は、TNR のみで完結するものではありません。手術後の猫が放置されれば、その猫が原因でまたトラブルに発展することも考えられます。そこで、手術後の猫の管理を、近隣住民の理解を得ながら、継続していく必要があります。地域猫の管理（マネジメント：M）とは、具体的には定時・定点での餌やりと片づけ、フンの始末、個体数の確認と報告等を行い、近隣住民の理解と協力をさらに進めていくものです。その意味で、地域猫対策は「TNR ＋M」の活動だといえるでしょう。

◆行政・ボランティア・地域住民の協働で地域猫対策

　このような地域猫対策を、行政のみが主体となって行っていくことは難しく、行政と地域住民とボランティアの三者の協働が不可欠です。

　野良猫についての苦情や相談は、行政に届けられます。しかし、行政ができることは限られています。そこで、動物愛護に関するボランティアに協力を求める場合がありますが、動物に関するボランティアの方は、周囲から「猫が好きでやっている」と思われがちで、住民の協力なども得られず、ボランティアの方の個人的負担が増したり、世話をしているがゆえに苦情の矛先が向けられたりすることにもなりかねません。そもそも野良猫に関する苦情は、猫を好ましく思っていない地域住民から寄せられることが多いので、そのような人の理解を得るためにも、地域住民が主体として加わり、地域猫対策が、地域社会の問題なのだとの共通認識のもとで、行政やボランティアも協力しながら、地域内で合意形成が行われる必要があります。

　この三者の協働がうまくいった場合に、地域猫対策がうまく機能するといえます。地域の問題を地域で解決するこのようなしくみづくりは、住民自治の基本であり、行政がそのために下支えやコーディネート等の助力をすることが重要な役割だといえます。

4　犬猫の引取り

(1)　内　容

(A)　犬および猫の引取り

　動物愛護法35条1項本文は、「都道府県等は、犬又は猫の引取りをその所有者から求められたときは、これを引き取らなければならない」と定め、都道府県等（都道府県および指定都市、地方自治法252条の22第1項の中核市その他政令で定める市をいう）に引取義務を課しています。

　一方で、同条ただし書において、「犬猫等販売業者から引取りを求められた場合その他の第7条第4項の規定の趣旨に照らして引取りを求める相当の

〈図表18〉引取りを拒否できる事由（施行規則21条の2）

事業者	・事業者からの引取り要請に対しては、理由にかかわらず引取りを拒否できる（1号）
飼い主	・引取りを繰り返し求められた場合（2号）
	・子犬または子猫の引取りを求められた場合で、引取りを求める飼い主が、都道府県知事等からの繁殖を制限するための措置に関する指示に従っていない場合（3号）
	・犬または猫の老齢または疾病を理由とする場合（4号）
	・引取りを求める犬または猫の飼養が困難であるとは認められない理由による場合（5号）
	・あらかじめ、引取りを求める犬または猫の譲渡先を見つけるための取組みを行っていない場合（6号）
これらの場合のほか、終生飼養原則の趣旨に照らして引取りを求める相当の事由がないと認められる場合として都道府県等の条例、規則等に定める場合（7号）	

事由がないと認められる場合として環境省令で定める場合には、その引取りを拒否することができる」と定め、都道府県等が引取りを拒否することも認めています。

　引取りを拒否することができる具体的事由は、環境省令（施行規則21条の2）において図表18のように定められています。

　もっとも、施行規則21条の2に定められた引取りを拒否できる事由に該当する場合であっても、生活環境の保全上の支障を防止するために必要と認められる場合については例外とされているため（同条ただし書）、生活環境の保全上の支障を防止するために必要がある場合には、都道府県等に引取義務が認められることになります。

　以上のように、動物愛護法では、引取りの求めがあった場合には、都道府県等が引き取ることが原則とされており、「引取りを求める相当の事由がないと認められる場合」であっても、都道府県に、引取りを拒否すべき法的義務まで課すものではありません。ただ、環境省告示「犬及び猫の引取り並びに負傷動物等の収容に関する措置」（2006年）において、都道府県知事等は、

終生飼養、みだりな繁殖の防止等、飼い主の責任の徹底を図るため、引取り
を求める相当の事由がないと認められるときには、引取りを行わない理由を
十分に説明し、引取りを拒否するよう努めることとされていますので、行政
には、飼い主等からの安易な引取りの求めには応じないよう努力することが
求められています。

⒝　犬・猫の引取場所と所有者の判明しない犬・猫の引取り

都道府県知事等は、犬または猫を引き取るべき場所を指定することができ
ます（動物愛護法35条2項）。

所有者の判明しない犬または猫の引取りをその拾得者等から求められた場
合には、都道府県等は、引き取らなければなりません（動物愛護法35条3項）。
2019年改正までは、所有者の判明しない犬または猫の引取りに関し、引取り
拒否事由は定められていませんでしたが、2019年改正において、「周辺の生
活環境が損なわれる事態が生ずるおそれがないと認められる場合その他の引
取りを求める相当の事由がないと認められる場合として環境省令で定める場
合には、その引取りを拒否することができる」と改正され、引取り拒否がで
きる場合があることが明確になりました。

⒞　所有者への返還および飼養者の募集

⒤　所有者への返還

都道府県知事等は、引取りを行った犬または猫について、所有者がいると
推測される場合には、その所有者を発見し、所有者に返還するよう努力する
ものとされています（動物愛護法35条4項）。鑑札や名札、首輪などに飼い主
等の情報が記されている犬や猫については、飼い主等に返還することをめざ
し、行政の側で飼い主等を探索するなどの努力をすることが求められます。

動物の所有者を明らかにするための識別器具として、マイクロチップの装
着が普及し2019年改正において、犬猫等販売業者へのマイクロチップの装着、
情報登録の義務化がなされました。したがって、自治体においても、引取り
動物については、マイクロチップの装着の有無を確認し、装着されている場
合には、データベースを照合して飼い主等を探索するよう努めるべきである

といえます。しかし、現状では、マイクロチップを読み取るための機器を設置していない動物愛護センターが存在します。犬猫にマイクロチップを装着していても、所有者不明の犬・猫として引き取られた犬や猫についてマイクロチップの確認が行われなければ、その犬や猫が飼い主等のもとへ戻らず、所有者不明のまま殺処分の対象となってしまうという事態も発生します。そこで、今後は、少しでも多くの所有者不明の犬や猫が飼い主等のもとに届けられるよう、すべての動物愛護センターにマイクロチップの読み取り機器が設置され、すべての引取り動物についてマイクロチップの有無の確認が行われるような体制を整えることが重要だといえるでしょう。

　自治体が所有者の調査をした結果、引き取られた犬や猫が、所有者が意図的に遺棄したものであることが発覚した場合、悪質な事案（犬猫等販売業者による大量の遺棄など）については、警察に通報するなどし、刑事処罰を求めることも必要でしょう。

(ii) 飼養者の募集

　都道府県知事等は、所有者がいないと推測される犬猫や、所有者から引取りを求められた犬猫、所有者が発見できない犬猫について、飼養を希望する人を募集し、希望者に譲渡するよう努力するとされています（動物愛護法35条4項）。

　新たな飼い主を募集するため、譲渡会を主催している動物愛護センターや、インターネットを通じて新たな飼い主を募集している動物愛護センターなどもあります。

　都道府県知事等は、犬猫の譲渡を、動物の愛護を目的とする団体等に委託することも認められています（同法35条6項）。

(2) 制度趣旨

　動物愛護法35条1項は、都道府県等による犬または猫の引取りについて定めています。犬または猫の引取りについては、動物愛護法の制定当時から定めがありました。これは、犬や猫の安易な遺棄の横行や、野良犬・野良猫の増加、これらの犬猫による住民への危害の頻発などが社会問題化したことか

ら、これらの問題に対処するため、公衆の安全や衛生のために緊急避難措置として位置づけられたものです。「犬及び猫の引取り並びに負傷動物等の収容に関する措置」（2006年環境省告示）においても、引取り措置が、緊急避難として位置づけられたものであることが明示されています。

　このように、引取り措置が緊急避難措置であるという位置づけからすれば、緊急避難的な性格が認められない場合（公衆の安全・衛生に悪影響がない場合）には、都道府県知事等は、引取りを求められたとしても拒否することが望ましいといえます。そこで2012年改正において、都道府県知事等が、動物取扱業者から引取りを求められた場合および終生飼養原則の趣旨に照らして引取りが相当でないと考えられる場合には、引取りを拒否できることが明示されました。この2012年改正の経緯・内容については後述しますが、この法改正を受けて、前述の「犬及び猫の引取り並びに負傷動物等の収容に関する措置」（2013年改正）においても、都道府県知事等は、引取りを求める相当の事由がないと考えられる場合には、引取りを行わない理由を十分に説明したうえで、引取りを拒否するよう努めることとされました。

　動物愛護法35条1項ただし書において、引取り拒否の法律上の根拠が示されたことにより、引取りが緊急避難措置であるということが、より明確になったといえるでしょう。

(3)　引取りに関する動物愛護法2012年改正の経緯・内容

(A)　引取り拒否

　動物愛護法の2012年改正前は、都道府県等は、犬または猫の所有者から、犬または猫の引取りを求められた場合には、これを引き取らなければならないと定められており、引取りの拒否については定められていませんでした。

　従前も、飼い主等から引取りの依頼があった際に、行政担当者から飼い主等に対して、飼育を続けるよう説得するということが行われてきましたが、引取りにふさわしくないと考えられる場合に拒否をしようとしても、法律上拒否できるとの定めがないため、引取り拒否の根拠を明確に説明できないという問題がありました。また、一部のペット販売業者が、販売のために飼養

していた子犬や子猫が大きくなると、買い手を見つけるのが困難になり、飼養継続が大きな負担となることから、自治体に引取りを求め、結果的に殺処分の対象となるという問題が、社会的に取り上げられるようになりました。

そこで、動物愛護法においても、引取りが適切でない場合に、引き取らないことができる旨の明文の定めが必要ではないかという議論が起こりました。

しかし、引取り拒否の明文化を求める意見がある一方で、自治体における引取り拒否を広く認めた場合には、飼い主やペット販売業者による動物の遺棄が増え、公衆の安全や衛生が害されるのではないかとの危惧もありました。

そこで、2012年改正において、動物愛護法35条本文の、都道府県等は、犬または猫の引取りをその所有者から求められたときは、「これを引き取らなければならない」という原則は維持しつつ、ただし書として、①犬猫等の販売業者から引取りを求められた場合、②終生飼養の原則（動物愛護法7条4項）に照らして引取りを求める相当の事由がない場合には、「引取りを拒否することができる」と定められるに至りました。

このように、引取り拒否について明文の定めが置かれた趣旨や、犬・猫の引取りがその後の殺処分へとつながっている現状からすれば、今後は、安易な引取りの求めには応じないよう、引取りを求めることが相当な事案かを自治体が慎重に検討し、引取りを求めることが相当ではないと判断できる場合には、飼い主に十分な説明を行うなど、より積極的な取組みが自治体に求められているといえます。

(B)　所有者への返還および飼養者の募集

動物を引き取った後の動物の取扱いについて、2012年改正前には定めがありませんでした。しかし、動物愛護法の2012年改正にあたって、中央環境審議会「動物愛護のあり方報告書」においても、殺処分を減らすためには、引取りをした後に、自治体が、所有者を探して返還することや、希望者への譲渡を行うことが重要であるとの意見がありました。そこで、2012年改正において、自治体が、引き取った犬や猫を所有者へ返還したり、希望者へ譲渡するよう努力するとの努力規定が置かれるに至りました。

　また、動物愛護法35条4項には、「殺処分がなくなることを目指して」との文言が加えられています。これは、動物愛護法において「殺処分」という言葉が使われている唯一の箇所です。動物愛護法において、殺処分がなくなることをめざすことが明記されているということは、今後の政策の方向性を示すものであり、非常に大きな意義があるといえます。

---

opinion　行政による引取りについてのさまざまな見解

〈ALIVE〉

　2012年の動物愛護法改正により、行政は犬猫等販売業者からの引取りを拒否できるようになりましたが、地球生物会議（ALIVE）は、悪質な所有者による反復的な飼育放棄を把握し、指導を行うためにも、引取りを求められた際のチェック機能の強化も必要と考えています。

　一方で、販売できなくなった動物の飼育先を探すことに苦慮する業者等の需要を受けて、いわゆる「引取り屋」とよばれる商売が存在し、その構造もさることながら、引取り後の動物の取扱いが大きな問題になっています。現行法では、引取り手数料を得ていても販売しなければ業の登録は不要となっているため、行政の監視下に置く改正が必要です。

　また、行政収容施設における動物の適正飼養・福祉の確保も重要課題です。

　保健所などの施設では、防暑・防寒対策が不十分であることに起因した凍死、熱中症による死亡も報告されていますが、譲渡する相手を少しでも見つけて、なるべく殺さずに譲渡するというのが動物愛護法の理念ですから、少なくとも、譲渡や殺処分に至るまでの期間、犬や猫が苦しんだり死亡することがないように国が実態を把握し、自治体が収容施設の設備向上に取り組める法的根拠（文言追加等）が必要です。

---

(4)　動物の引取り数と殺処分数の推移

　犬および猫の引取り数の推移（☞第1章Ⅰ3・図表1）を見ると、犬および猫の引取り数は、近年、着実に減少しているといえます。また、犬および猫の返還・譲渡数も増加しており、引取り数全体に占める殺処分率も減少しています。これは、動物愛護に関する人々の意識の変化や、行政や動物愛護団体、地域住民などの犬や猫の命を助けるための取組みの成果だといえます。

　しかし、今なお、1年間に4万頭近くの犬猫が殺処分されているという事

実もあります。

　近年の変化をみると、犬の殺処分数は、2008年度の8万2464頭から2018年度には7687頭に減り、2008年度比で約9.3％に減少しています。また、猫の殺処分数についても、2008年度の19万3748頭から2018年度には3万757頭に減り、2008年度比で約15.9％に減少しています。

　犬、猫ともに引取り数、殺処分数は着実に減少していますが犬・猫の殺処分数に占める猫の割合が、約80％と高くなっています。また、2018年度の猫の引取り数（5万6404頭）に対する殺処分数（3万757頭）の割合は約54.5％となっており、いまだ引き取った猫の半数以上が殺処分されているという状況です（犬の引取り数に対する殺処分の割合は約21.7％）。

　したがって、猫の引取り数および殺処分数をさらに減らしていくことが、今後の課題だといえるでしょう。

5　動物愛護管理センター

(1)　動物愛護管理センター

　都道府県等は、動物愛護管理に関する事務を所掌する部局または施設が動物愛護管理センターとしての機能を果たすようにするものとされます（動物愛護法37条の2第1項）。

　動物愛護管理センターは以下の業務を行うものとされています（動物愛護法37条の2第2項）。

---

① 第1種動物取扱業の登録、第2種動物取扱業の届出並びに第1種動物取扱業および第2種動物取扱業の監督に関すること
② 動物の飼養または保管をする者に対する指導、助言、勧告、命令、報告の徴収および立入検査に関すること
③ 特定動物の飼養または保管の許可および監督に関すること
④ 犬および猫の引取り、譲渡し等に関すること
⑤ 動物の愛護および管理に関する広報その他の啓発活動を行うこと
⑥ その他動物の愛護および適正な飼養のために必要な業務を行うこと

　中核市の動物愛護管理センターにおいては、④から⑥の業務を行うものとされています。

(2)　動物愛護管理担当職員

　都道府県等は、条例に基づき、動物愛護管理員等の職名を有する職員（以下、「動物愛護管理担当職員」といいます）を置くものとされています（動物愛護法37条の3第1項）。2019年改正以前は、地方公共団体は動物愛護担当職員を「置くことができる」と定められていましたが、2019年改正によって、都道府県については動物愛護管理担当職員が必置化されました。なお、指定都市、中核市および動物愛護法35条1項の政令で定める市以外の市町村については、条例に基づき動物愛護管理担当職員を「置くよう務めるものとする」とされ、努力規定となっています（動物愛護法37条3第2項）。

　動物愛護管理担当職員は、当該地方公共団体の職員であって獣医師等動物の適正な飼養および保管に関し専門的な知識を有するものをもって充てるとされています（動物愛護法37条の3第3項）。

　この規定は、動物愛護に関する職務については、動物の習性や適切な飼養方法等について専門的な知識が必要となることから、職員の専門性を高めるために定められたものです。動物愛護管理担当職員は、動物取扱業者への立入検査や、犬猫の引取り、飼い主の指導・相談、動物愛護の普及・啓発活動などを行うことが想定されています。

（第2章Ⅳ3〜5　吉田理人）

コラム⑨　アニマルポリス

　動物虐待や不適切飼育等が発見されたときに、これらに迅速に対応できるような体制が不十分であり、一部の海外の国で行われているように、行政・警察・獣医師などと連携して調査や指導を行うことができる権限と専門知識を有する特別な組織を、行政や警察に創設すべきだという声があります。これによって、市民が動物虐待や不適切飼育を発見したときに、第一の通報の窓口となり、迅速に虐待動物の救済

や捜査が可能となることが期待されます。

　そのような中、2014年1月6日、兵庫県警に「アニマルポリス・ホットライン（動物虐待事案等専用相談電話）」が設けられ、注目されました。「アニマルポリス・ホットライン」は、海外のアニマルポリスのように民間の組織が動物虐待などの行為を捜査し、被疑者を逮捕するというものではありませんが、動物虐待などの事案について市民が通報し、あるいは情報提供をしやすくするための窓口です。通報の結果、動物虐待の事実が判明した場合には、警察官は、虐待行為を行った者を逮捕することができます。また、2019年10月、大阪府では、「動物虐待の未然防止を図り、飼い主が正しく動物を飼うことを社会に浸透させ、人と動物が共に暮らせる社会を醸成し、社会全体で理由なき殺処分がゼロになること」をめざし、動物虐待通報ダイヤル（「＃7122」（悩んだら・わん・にゃん・にゃん））を設け、動物虐待が疑われる行為について市民からの声が届きやすい制度を構築しています。

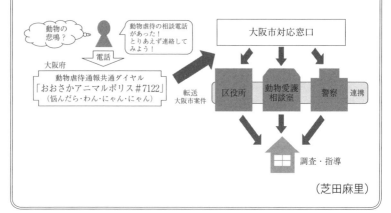

（芝田麻里）

Ⅴ　獣医師

1　獣医師

(1)　獣医師とは

獣医師とは、人ではなく動物を対象とする医師のことをいいます。獣医師の数は、農林水産省の調査によると、2018年12月31日現在で3万9710人となっています（☞図表19）。

(2)　獣医師の種類

獣医師というと、ペットを診療する獣医師を思い浮かべる方が多いと思いますが、獣医師には、大きく分けて、「臨床獣医師」と呼ばれる動物の診療を行う獣医師と、動物の診療を業務として行っていない「診療をしない」獣医師とがあります。

「臨床獣医師」とは、①多くの方になじみ深い、ペットを診療する動物病院の獣医師（「小動物臨床獣医師」と呼ばれます）、②農村地域等で牛や豚・鶏などの産業動物を対象として診療行為を行う「産業動物臨床獣医師」等をいいます。

これに対して、「診療をしない」獣医師には、①国家公務員として検疫所で輸入食品等の確認検査業務に従事したり、②動物検疫所で輸出入される動物、食品以外の動植物製品を確認検査する業務に従事し、伝染病・感染症の流入・流出を防ぐ業務を行う獣医師がいます。また、地方公務員として、③食品衛生検査所や保健所などにおいて感染症予防に従事する獣医師、④動物愛護施設において犬猫等の管理・殺処分等に携わる獣医師、⑤畜産試験場において家畜の改良や増殖に従事する獣医師などがいます。獣医師の行う業務は多岐にわたっています。

2　動物愛護法における獣医師の位置づけ

動物愛護法上、獣医師は以下の場面で登場します。

〈図表19〉獣医師法22条の届出状況

（単位：人）

届出者総数				39,710
獣医事に従事する総数				35,251
獣医事に従事するもの	国家公務員	計		511
		農林畜産	小計	304
			行政機関	129
			試験研究機関	0
			検査指導機関	175
		公衆衛生	小計	134
			行政機関	40
			試験研究機関	75
			検査指導機関	19
		環境		11
		その他		62
	都道府県職員	計		6,953
		農林畜産	小計	3,011
			行政機関	415
			家畜保健衛生所	2,169
			試験研究機関	294
			その他	133
		公衆衛生	小計	3,761
			行政機関	357
			保健所等	1,435
			試験研究機関	105
			食肉衛生検査センター、食品衛生検査所	1,621
			その他	243
		教育公務員		41
		環境		77
		その他		63
	市町村職員	計		1,952
		農林畜産	小計	122
			行政機関	57
			家畜診療所	65
		公衆衛生	小計	1,598
			行政機関	69
			保健所等	934
			食肉衛生検査センター、食品衛生検査所	481
			その他	114
		教育公務員		2
		環境		41
		その他		189

獣医事に従事するもの	民間団体職員	計		7,954
		農業協同組合	小計	304
			診療	174
			その他	130
		農業共済団体	小計	1,893
			診療	1,729
			その他	164
		製薬・飼料等企業	小計	2,637
			試験研究	172
			診療	248
			製薬	1,043
			飼料	146
			その他	1,028
		独立法人等	小計	1,043
			大学	748
			その他	295
		競馬関係団体		265
		私立学校		696
		社団・財団法人		842
		その他		274
	個人診療施設	計		17,776
		産業動物	小計	1,854
			開設者	1,520
			被雇用者	334
		犬猫	小計	15,774
			開設者	8,439
			被雇用者	7,335
		その他	小計	148
			開設者	34
			被雇用者	114
	その他			105
獣医事に従事しないもの				4,459

注：平成30年12月31日

（農林水産省ホームページ）

※競馬関係団体の個人等は個人診療施設の産業動物に集計。

⑴　第1種動物取扱業者からの診療

獣医師は、第1種動物取扱業者（☞Ⅱ2）の求めに応じて動物の診療を行い、その他動物の感染症の予防のために必要な措置を行います（動物愛護法21条の2）。

⑵　犬猫等販売業者との連携による犬猫等の健康および安全の確保

また、獣医師は、犬猫等販売業者と連携をして、犬猫等販売業者が飼養または保管をしている犬猫等の健康および安全の確保を行うことが期待されています。

すなわち、犬猫等販売業者には犬猫等の健康および安全の確保義務があり、この犬猫の健康および安全の確保を行うにあたっては、獣医師との適切な連携が必要であるとして、獣医師と連携して犬猫の確保を行うことが義務付けられているのです（動物愛護法22条の3）。

⑶　犬猫等販売業者の所有する犬猫の検案

獣医師は、犬猫等販売業者が所有する犬猫が死亡した場合であって、都道府県知事等が必要と判断したときに、犬猫の死亡原因について「検案」を行い、「検案書」または「死亡診断書」を作成します（動物愛護法22条の6第3項）。

「検案」とは、獣医師がその犬猫の死因、死因の種類（病死なのか老衰なのかなど）、死亡時刻、異状死との鑑別を総合的に判断することをいい、「検案書」とは、この判断の結果を記載した書面のことをいいます。また、「検案書」と「死亡診断書」の違いは、医師の診療が行われている患者（犬猫）が死亡した場合に作成されるのが「死亡診断書」であり、医師の診療が行われていない犬猫が死亡した場合、または医師が行っていた診療とは別の原因によって犬猫が死亡した場合に「検案」が行われ「検案書」が作成されるというところに違いがあります。

3　獣医師の役割と責務

(1)　期待される役割

　獣医師の役割について、獣医師法は「獣医師は、飼育動物に関する診療及び保健衛生の指導その他の獣医事をつかさどることによつて、動物に関する保健衛生の向上及び畜産業の発達を図り、あわせて公衆衛生の向上に寄与するものとする」（1条）と定めています。すなわち、獣医師には、「動物に関する診療及び保健衛生の指導を行うこと」がその役割として期待されているということになります。

　この獣医師の役割を受けて、動物愛護法では、獣医師と第1種動物取扱業者が連携することによって感染性の疾病の予防、犬猫等の健康および安全の確保を行うことが期待されています。

　また、犬猫等販売業者は、犬猫等の個体に関して、①品種等の名称、②繁殖者の氏名または名称等、③生年月日、④所有するに至った日、⑤販売または引渡しをした日、⑥販売を行った者の氏名、⑦犬猫等が死亡した日、⑧死亡の原因等を記載した帳簿を記載しなければならないとされており、この記載事項のうち当該犬猫等が死亡した場合の死亡の原因等については獣医師との連携がなくては記載することができません。

(2)　動物虐待発見時の通報義務

　獣医師は、動物の診療や保健衛生指導といった業務を行うにあたって、正当な理由もなく殺されたと思われる動物の死体を発見したとき、または、正当な理由なく傷つけられ、もしくは虐待を受けたと思われる動物を発見したときは、都道府県知事等その他の関係機関に通報しなければなりません（動物愛護法41条の2）。

　すなわち、動物を正当な理由なく殺したり、傷つけたりした場合（動物虐待を行った場合）には、5年以下の懲役または500万円以下の罰金という刑罰が用意されていますが（動物愛護法44条1項）、獣医師はその業務の性質上、動物の死体、傷を負った動物に触れる機会が多いことから、そのような動物

虐待が行われたと判断されるときには、獣医師に動物虐待が行われたことを通報させ、動物虐待行為の処罰の端緒とすることによって、動物虐待行為を防ごうとするところにその趣旨があります。

これまで獣医師による通報は「努力義務」でしたが、2019年改正により義務化されました。今後、獣医師には動物虐待を防ぐための積極的な関与が要求されているといえます。

(3) マイクロチップ装着証明書の発行

2019年動物愛護法改正で、犬猫等販売業者にマイクロチップ装着が義務付けられました。また、犬猫等販売業者以外の犬猫の所有者にも、マイクロチップ装着の努力義務が課されました（動物愛護法39条の2）。

この関係で、獣医師が、犬猫等販売業者や犬猫の所有者から依頼を受けてマイクロチップを装着した場合には、マイクロチップの識別番号その他環境省令で定める事項を記載した証明書（マイクロチップ装着証明書）を発行することが義務付けられました（動物愛護法39条の3）。

なお、マイクロチップの義務化については、前述の Ⅱ 2(6)を参照してください。

（第2章 Ⅴ　芝田麻里）

---

opinion 獣医師教育についてのさまざまな見解

〈太田快作獣医師〉

　動物殺処分を減らすためには、日本の獣医師教育も変えてゆく必要性があると考えています。現在の日本の獣医師教育においては、獣医師になる過程でたくさんの動物を殺します。そのため、殺すことに慣れてしまって、「これは殺してもいい動物」「仕方ないのだ」というように、「殺してもいい動物」と「殺してはいけない動物」を知らず知らずのうちに区別する意識を植え付けられてしまっているのではないかと思います。すなわち、獣医師になる過程で行う生体致死実習の存在が、殺処分にかかわる獣医師の心理に影響を与えているともいえ、殺処分問題の遠因の1つになっている可能性があると考えています。たとえば、アメリカでは、獣医師教育の過程で全く生体致

死実習を行わない大学もあります。また、動物の生体を扱う実習を行っている大学でも、生体致死実習に代わる代替法を学生自身が選択できるシステムになっていることが多いのです。代替法とは、動物を殺さないで実習を行う方法です。動物を使わずに模型やコンピュータ・シミュレーションを使う方法と、動物を実際に使うものの苦痛を与えたり命を犠牲にしたりしない方法（例：Humane Society Program）の2通りがあります。日本の大学でも、代替法による実習を積極的に導入してほしいと考えています。どんな場合においても、目の前の動物、1匹でも多くの命を救うために力を尽くすのが獣医師であり、それを教えるのが獣医学教育であるべきと思います。これさえきちんと教えていれば、殺処分の問題にも、獣医師はもっと当たり前のようにかかわれるのではないかと思っています。

Ⅵ 罰 則

1 趣 旨

　動物愛護法には、動物愛護法の趣旨を全うするため、動物愛護法に違反した者に刑罰を科することとして、以下のような罰則が定められています。

2 罰則の種類と刑罰

⑴ すべての人が対象となる罰則と刑罰

⒜ 動物を殺傷した場合——5年以下の懲役または500万円以下の罰金

　愛護動物をみだりに殺し、または傷つけた者は、5年以下の懲役または500万円以下の罰金に処せられます（動物愛護法44条1項）。動物愛護法に関する罰則については、2019年法改正により対象となる行為が拡大されるとともに、大幅に法定刑が引き上げられました。

　動物を殺傷した場合の罰則は、2019年改正前は、2年以下の懲役または200万円以下の罰金とされていましたが、2019年改正法によって2倍以上重

い罰則が定められました。近年、動物虐待や動物虐待を行う様子などを撮影した動画をインターネットに投稿するなどの行為が問題となりましたが、あわせて、動物虐待が行われた際の法定刑が低いという指摘がありました。今回の改正はこれに応えるものです。3年以下の懲役に対しては執行猶予を付すことができ（刑法25条1項）、2019年改正前は、動物虐待が行われ最高刑の懲役2年の判決が出たとしても執行猶予を付すことが可能でした。しかし、2019年の改正により法定刑が5年以下の懲役に引き上げられた結果、刑の執行が猶予されない可能性があります。

(i) 対象動物

この罰則規定の対象である「愛護動物」とは、すべての動物をいうのではなく、一般に人の飼育の対象となる牛、馬、豚、羊、やぎ、犬、猫、うさぎ、鶏、鳩、あひるのほか、人が飼育している哺乳類、鳥類または爬虫類に属する動物のことをいうとされています（同法44条4項）。ペットとして飼っているトカゲなども含まれます。

このように、殺傷した場合に処罰される動物を「愛護動物」に限定しているのは、すべての動物を動物虐待が行われた場合の処罰の対象としてしまうと、ネズミなどのように駆除の対象とされているようなものまで殺した際に処罰の対象とされてしまうためです。

(ii) 「みだりに殺す」とは

「みだりに殺す」とは、正当な理由あるいは正当な必要性なく殺すことをいいます。たとえば、人が大型犬に襲われている場面に遭遇したときに、その大型犬を警察官が射殺することは、警察官の正当な業務であり、正当な理由と必要性があることになりますから「みだりに殺した」とはいえません。

(iii) 「みだりに傷つける」とは

「みだりに傷つける」とは、正当な理由あるいは正当な必要性なく傷つけることをいいます。たとえば、獣医師が病気の動物に対して手術を行うことは、手術を行う正当な理由および必要性があることになり、「みだりに傷つける」に該当しません。

　　(iv)　両罰規定

　動物の殺傷行為が法人の役員や従業員によって法人の行為として行われた場合には、殺傷行為を行った本人（個人）だけでなく、法人も処罰の対象となります（動物愛護法48条）。この場合、法人は500万円以下の罰金に処せられます。

(B)　動物虐待──１年以下の懲役または100万円以下の罰金

　正当な理由なく、以下のような動物虐待を行った場合には、１年以下の懲役または100万円以下の罰金に処せられます（動物愛護法44条２項）。

---

① 愛護動物に対して、その身体に外傷が生ずるおそれのある暴行を加え、またはそのおそれのある行為をさせること（例：殴る、蹴る、熱湯をかける）
② 餌や水をやらないこと
③ 酷使すること
④ その健康や安全を保持することが困難な場所に拘束することにより衰弱させること（例：ペットとして飼っている犬を夏の炎天下で日影がないような場所に長時間つないで放置するなどの行為）
⑤ 飼養密度が著しく高い状態で愛護動物を飼育し、または保管することにより愛護動物を衰弱させること
⑥ 自身で飼育しまたは保管している愛護動物が疾病にかかり、または負傷しているにもかかわらず適切な保護を行わないこと
⑦ 排せつ物の堆積した施設または他の愛護動物の死体が放置された施設で飼育しあるいは保管すること
⑧ その他の虐待を行った場合（例：身体に外傷が生じるおそれのある行為だけでなく、心理的抑圧、恐怖を与える行為）

　2019年の改正によって、動物虐待にあたる具体的な行為として①と⑤が加えられるとともに、罰則に懲役刑が加えられ、厳罰化されました。

　動物の虐待とは、積極的（意図的）虐待はもちろん、ネグレクト（やらなければならない行為をやらないこと）も含まれます。上記の例示のうち、②、④、⑤、⑥、⑦はネグレクトの例示です。

　最近、一部のペットショップなどで、劣悪な環境で犬猫が展示されている

ことが問題となることがありますが、劣悪な環境での犬猫の展示も動物虐待
に当たる場合があります。

　動物に対する虐待行為が法人の役員や従業員によって法人の行為として行
われた場合には、虐待行為を行った本人（個人）だけでなく、法人も処罰の
対象となります（動物愛護法48条）。この場合は、法人については100万円以
下の罰金に処せられます。

Ⓒ　遺棄──1年以下の懲役または100万円以下の罰金

　愛護動物を「遺棄」した場合にも100万円以下の罰金に処せられます（動
物愛護法44条3項）。2019年の改正により、「遺棄」行為に対しても懲役刑が
加えられました。

　「遺棄」とは、危険な場所に連れて行って置き去りにすること、捨てるこ
とであるとされています。また、その場所自体としては危険性のある場所で
はないとしても、その動物がその環境において自活できないと思われる場所
に置き去りにし、あるいは捨てることは、その動物を「遺棄」したことにな
ります。たとえば、ペットとして飼育されてきた犬を山に置き去りにする行
為は、その犬の生命・身体を危険にさらす行為であり、「虐待」と同様に処
罰の対象とされることになります。

　環境省は、「遺棄」に当たるかどうかは、以下のような判断要素を総合考
慮するとしています（環境省通知「動物の愛護及び管理に関する法律第44条第3
項に基づく動物愛護の遺棄の考え方について」2014年12月12日・環自総発第
1412121号。以下に、この通知の掲げる判断要素を掲げます）。

【具体的な判断要素】
第1　離隔された場所の状況
1　飼養されている愛護動物は、一般的には生存のために人間の保護を必要と
　していることから、移転又は置き去りにされて場所的に離隔された時点では
　健康な状態にある愛護動物であっても、離隔された場所の状況に関わらず、
　その後、飢え、疲労、交通事故等により生命・身体に対する危険に直面する
　おそれがあると考えられる。

2　人間の保護を受けずに生存できる愛護動物（野良犬、野良猫、飼養されている野生生物種等）であっても、離隔された場所の状況によっては、生命・身体に対する危険に直面するおそれがあると考えられる。

これに該当する場所の状況の例としては、

・生存に必要な餌や水を得ることが難しい場合

・厳しい気象（寒暖、風雨等）にさらされるおそれがある場合

・事故（交通事故、転落事故等）に遭うおそれがある場合

・野生生物に捕食されるおそれがある場合

等が考えられる。

なお、仮に第三者による保護が期待される場所に離隔された場合であっても、必ずしも第三者に保護されるとは限らないことから、離隔された場所が上記の例のような状況の場合、生命・身体に対する危険に直面するおそれがあると考えられる。

第2　動物の状態

生命・身体に対する危険を回避できない又は回避する能力が低いと考えられる状態の愛護動物（自由に行動できない状態にある愛護動物、老齢や幼齢の愛護動物、障害や疾病がある愛護動物等）が移転又は置き去りにされて場所的に離隔された場合は、離隔された場所の状況に関わらず、生命・身体に対する危険に直面するおそれがあると考えられる。

第3　目的

法令に基づいた業務又は正当な業務として、以下のような目的で愛護動物を生息適地に放つ行為は、遺棄に該当しないものと考えられる。

例：法第36条第2項の規定に基づいて収容した負傷動物等を治療後に放つこと

治療した傷病鳥獣を野生復帰のために放つこと

養殖したキジ・ヤマドリ等を放鳥すること

保護増殖のために希少野生生物を放つこと

遺棄が法人の役員や従業員によって法人の行為として行われた場合には、遺棄を行った本人（個人）だけでなく、法人も処罰の対象となります（動物愛護法48条）。この場合、法人は100万円以下の罰金に処せられます。

(D) 「特定動物」の飼養または保管に関する規制違反——6月以下の懲役または100万円以下の罰金

「特定動物」とは、人の生命、身体または財産に害を加えるおそれがある動物として政令で定める動物であり、たとえば、ワニやカメのうちでも「かめつきがめ」であるとか、いぬ科のうちの「カニス・ラトランス（コヨーテ）」などがこれに当たります。これらの動物は、人の生命、身体または財産に危害を加える可能性があるため、原則としてこれらの動物を飼育または保管することは禁じられています（動物愛護法25条の2）。例外的に、動物園その他これに類する施設における展示その他環境省令で定める目的でこれらの動物を飼養しようとする者は都道府県知事等の許可を受けなければならないとされており（動物愛護法26条1項）、許可にあたっては、その飼養施設が特定動物の逃走を防止するための安全性を満たしていることなど、一定の基準を満たさなければならないこととされています（同法27条1項）。

そして、特定動物の飼養に関して以下の違反があった場合には、6カ月以下の懲役または100万円以下の罰金に処せられます（動物愛護法45条）。

① 特定動物について許可を受けないで飼養し、または保管した場合
② 不正の手段によって特定動物の飼養または保管の許可を得た場合
③ 許可なく特定動物の飼養または保管の条件を変更した場合
④ 措置命令に違反した場合

また、上記違反行為が法人の業務に関して行われた場合には、その法人は5000万円以下の罰金に処せられます（動物愛護法48条1項）。

(E) 動物の多頭飼育者に対する罰則

(i) 命令違反——50万円以下の罰金

動物愛護法では、多頭飼育によって、騒音や悪臭の発生など周辺環境に悪影響を与えていると認められる場合に、都道府県知事等は、その多数飼養者に対して、期限を定めてその事態を除去するために必要な措置をとることを勧告することができると定めています（動物愛護法25条2項）。この勧告に従

わなかった場合、都道府県知事等は、一定の措置をとるべき命令を行うことができます。そして、この命令に違反した多数飼養者は、50万円以下の罰金に処せられます（同法25条3項）。

　また、周辺環境に悪影響が生じていない場合でも、飼養保管が適切でなく、それにより動物が衰弱等の虐待を受けるおそれがある場合、都道府県知事等は命令を出すことができます（動物愛護法25条4項）。

　これらの命令に違反した多頭飼育者は、50万円以下の罰金に処せられます（動物愛護法46条の2）。

(ii) 虚偽報告、検査拒否──20万円以下の罰金

　2019年動物愛護法改正により、都道府県知事は、多頭飼育による周辺環境への悪影響が生じているなどにより勧告や命令を行うにあたり、必要な限度で、飼い主に対し、飼養保管状況等について報告を求め、立入り検査等ができるようになりました（動物愛護法25条5項）。

　これに対し、報告をせず、または虚偽の報告をしたり、検査を拒否したり妨げたりした者は、20万円以下の罰金に処せられます（動物愛護法47条の3）。

(2) 動物取扱業者が対象となる罰則と刑罰

(A) 第1種動物取扱業に関する規制違反──100万円以下の罰金

　第1種動物取扱業者が以下の行為を行った場合には、100万円以下の罰金に処せられます（動物愛護法46条）。

---

① 登録を受けずに第1種動物取扱業を営んだ場合
② 不正の手段によって第1種動物取扱業の登録を受けた場合
③ 業務停止命令に違反した場合
④ 勧告についての措置命令に違反した場合

　これらの行為が法人の役員や従業員によって法人の行為として行われた場合には、法人も100万円以下の罰金に処せられます（動物愛護法48条）。

⒝　第1種および第2種動物取扱業者に関する規制違反──30万円以下の罰金

第1種動物取扱業者または第2種動物取扱業者は、以下の行為を行った場合、30万円以下の罰金に処せられます（動物愛護法47条）。これらの行為が法人の役員や従業員によって法人の行為として行われた場合には、法人も30万円以下の罰金に処せられます（同法48条）。

---

①　第1種動物取扱業者または第2種動物取扱業者が動物愛護法上必要な届出義務に違反し、または虚偽の届出をした場合

②　犬猫が死亡した場合において、犬猫等販売業者（第1種動物取扱業者）が都道府県知事等の命令に違反して検案書または死亡診断書を提出しなかった場合

③　第1種動物取扱業者および第2種動物取扱業者が都道府県知事等に対して必要な報告を行わず、もしくは虚偽の報告を行い、または都道府県等の職員による検査を拒み、妨げる等の行為を行った場合

④　第2種動物取扱業者が都道府県知事等による措置命令に違反した場合

⒞　第1種動物取扱業者に対して20万円以下の過料が処せられる場合

第1種動物取扱業者が以下の行為を行った場合、20万円以下の過料に処せられます（動物愛護法49条）。

---

①　第1種動物取扱業者が死亡した場合に相続人が死亡の届出等を怠った場合

②　犬猫等販売業者が所有する犬猫の種類ごとの数等を届け出なかった場合等

③　犬猫等販売業者が犬猫等の個体に関する帳簿を備えなかった場合等

⒟　第1種動物取扱業者に対して10万円の過料が処せられる場合

第1種動物取扱業者が、事業所に、氏名または名称、登録番号等を記載した標識を掲げなかった場合、10万円以下の過料に処せられます（動物愛護法50条）。

⑶　マイクロチップに関連する罰則と刑罰

2019年の動物愛護法改正によってマイクロチップ装着が義務化されました（動物愛護法39条の2～39条の26）。これに関連して次のような罰則も規定され

ました。

(A)　秘密保持義務違反──1年以下の懲役または50万円以下の罰金

　マイクロチップには、犬猫の所有者や個体識別のための情報等が登録されますが、環境大臣は、登録関係事務を行う指定登録機関を指定することができます（動物愛護法39条の10第1項）。

　環境大臣より指定を受けた指定登録機関の役員や職員、またはこれらの職にあった者は、登録関係事務に関して知り得た秘密を漏らしてはならない秘密保持義務が課されていますが（動物愛護法39条の14第1項）、これに違反した場合、1年以下の懲役または50万円以下の罰金に処せられます（同法44条の2）。

(B)　その他の規制違反──30万円以下の罰金

　登録指定機関の役員や職員が以下の行為を行った場合には、30万円以下の罰金に処せられます（動物愛護法47条の2）。

---

①　帳簿を備え付けず、帳簿に登録関係事務に関する記載せず、もしくは帳簿に虚偽の記載をし、または帳簿を保存しなかった場合
②　環境大臣から法律の施行のために必要な報告を求められたが、その報告をせず、または虚偽の報告をした場合
③　環境大臣から法律の施行のために必要な立入り検査や質問を求められたが、立入りや検査を拒み、妨げ、もしくは忌避し、または質問に対して陳述せず、もしくは虚偽の陳述をした場合
④　環境大臣の許可受けずに、登録関係事務の全部を廃止した場合

（第2章 Ⅵ　芝田麻里）

第3章　動物愛護法の課題

Ⅰ　数値規制

1　数値規制に関する2019年法改正の概要

　第1種動物取扱業者は、動物の健康および安全を保持するとともに、生活環境の保全上の支障が生ずることを防止するため、その取り扱う動物の管理の方法等に関し環境省令（施行規則、第1種動物取扱業者が遵守すべき動物の管理の方法等の細目）で定める基準を遵守しなければならないもの（動物愛護法21条1項）とされています。

　もっとも、現状の基準は、動物取扱業の業種や業態、その取り扱う動物種が多様であること等を理由に汎用性の高い定性的なものとして規定されているにすぎず、より細分化、明確化された基準が必要であると指摘されてきたところです。

　そこで、2019年法改正では、上記の一般的な基準遵守義務に加え、環境省令で定める遵守事項（飼養施設の管理、飼養施設に備える設備の構造および規模並びに当該設備の管理に関する事項等7項目）が具体的に明示され（動物愛護法21条2項）、特に犬猫の場合はこれらの基準はできる限り具体的なものでなければならない（同法21条3項）ものとされました。

2　数値規制に関する議論の状況

　数値規制のあり方については、従前、動物愛護活動に携わる団体等から、動物福祉にかなった厳しい数値基準を取り入れるよう要求する意見が出されてきました。

　法執行の現場である地方自治体の職員が、動物取扱業者に対して適正に行政指導や勧告・命令等を行うため、あるいは、動物取扱業者が自主的に動物

の適正飼養を行うためには、動物福祉にかなった明確な基準が制定されることが必要であることはいうまでもありません。

　もっとも、基準を明確化すべき対象として特に規定された犬猫に限ってみても、その種類により習性や体格等はさまざまであり、一律に望ましい数値規制を行うことが困難であることは否定できません。

　また、環境省は、数値基準をもつイギリス、ドイツ、フランスを対象とし、行政や各種団体に対してヒアリングを行い、数値基準に対する考え方等を調査していますが、その調査報告によると、必ずしもすべての基準が科学的根拠に基づいて導き出されたものではないようであり（「平成30年度動物の適正飼養管理方法等に関する調査検討業務概要」（動物の適正な飼養管理方法等に関する検討会　第2回資料2－1））、海外の数値規制をそのまま導入することも適切であるとはいえません。

　令和元年8月30日に開催された前掲検討会第4回の資料3－2「適正な飼養管理の基準の具体化に係る検討の方針について」によると、環境省は、これまでに行われた検討会での議論を踏まえ、数値規制については「行政法上の許可制度として守らなければならない義務規定を定めるものであることから、公共の福祉に適合する目的のために必要かつ合理的な措置でなければならないため、許容される最低限の水準の設定に留めざるを得ない。理想的な飼養管理のあり方については、遵守基準とは別に検討する必要がある」、「アニマルベースメジャーの考え方を基本として、動物の行動や状態に着目した検討を進める」といった方向性を確認した段階であり、具体的な数値の検討はこれから行われることになっています。

　このような状況下、2020年4月3日、超党派の国会議員有志からなる「犬猫の殺処分ゼロをめざす動物愛護議員連盟」は、小泉進次郎環境大臣に対し、「第一種動物取扱業者における犬猫の飼養管理基準に関する要望書」（巻末資料③参照）を提出しました。

　これは、同議員連盟の「動物愛護法プロジェクトチーム（PT）」が約半年間にわたり、イギリス、ドイツ、フランス、アメリカ、スウェーデンといっ

た海外の法制度を研究しつつ、国内の有識者やブリーダー等へのヒアリングを行い、議論を重ねて取りまとめたもので、犬猫について、飼養施設、寝床、集団飼養、従業員、飼育環境、給餌給水、運動、繁殖といった項目ごとに、具体的な数値基準を提言し、環境省における省令等の改正作業に反映されることを求めたものです。

近時、ペット関連の業界団体や動物愛護団体の中には、議員連盟の要望書に対する意見を述べたり、私案を公表したりするところが出てきており、数値規制については、今後議論がより深まっていくことが期待されます。

3 今後の課題について

環境省の検討会が言及するアニマルベースメジャーの考え方そのものは、動物の環境および管理に関し、動物にとってよい成果を強調するものですから、その理念自体は望ましいものであるといえます。

しかし、一方で、何ら具体的な数値規制がなされていない段階でアニマルベースメジャーの考え方を強調しすぎることは、結局は数値規制のような定量的規制ではなく、定性的な規制とすべきとの方向に議論が収斂し、数値基準の具体化を求めた法の趣旨を骨抜きにしてしまう可能性もなくはありません。

実際、環境省の検討会が、動物取扱業者に対する数値規制は最小限の水準にとどめ、理想的な飼養管理のあり方はそれとは別に検討する必要があると説明しているのは、動物取扱業者に対する数値規制の具体化を求めた法の趣旨を骨抜きにする動きの片鱗のようにも思われます。

環境省の検討会が言及する「許容される最低限の水準」をどこに設定するかにもよりますが、安易に、どのような動物取扱業者であっても達成可能な低い水準に決めてしまえば、事実上、問題のある動物取扱業者を規制することは不可能となってしまい、法が動物取扱業者に対する遵守基準の明確化を図った趣旨は没却されてしまいます。

2019年改正により、法律上、動物取扱業者が遵守すべき基準明確化の方針

が規定されたことは、動物の適正飼養実現のために一歩前進ではありますが、改正の理念が骨抜きにならないよう環境省等における議論を注視し、望ましい数値規制のあり方について引き続き声をあげていく必要があると思われます。

（第3章 Ⅰ　高本健太）

Ⅱ　緊急時の一時保護

1　一時保護の必要性と法的な問題点

　劣悪な環境下での多頭飼育のように虐待ともいえる状況下にある犬・猫については、飼い主から引き離して保護したり、飼い主が状況を改善しないときには、新たな飼い主を見つけたりするほうが望ましいといえる場合があります。しかしながら、それを実現するためには飼い主の権利との関係で法的なハードルが存在します。

　動物は、民法上「物」と取り扱われます（民法85条）。飼い主は、そのペットの所有者とされるのが通常であるため、基本的には所有物であるペットを自由に「使用」、「収益」、「処分」する幅広い権利を有しています（同法206条）。

　もっとも、「法令の制限」がある場合には所有権も制約されますが（民法206条）、ペットを飼い主から引き離して保護するために、飼い主の権利を一時的にでも停止したり、所有権を強制的に喪失させたりすることができる法律はありません。

　したがって、現状では、飼い主の同意がない限りペットを一時的に保護したり、所有権を取り上げて新たな飼い主を探すことは容易ではないのです。

　多頭飼育崩壊の現場であっても、飼い主からの同意を取り付けるために関係者が大変な苦労を強いられるという事例はひんぱんに発生しています。

2　対応策

　問題のある飼い主から犬・猫を一時的に保護したり、新たな飼い主を探すということがスムーズに実現するためには、新たな立法が必要といえます。

　ただ、将来的にそのような立法がされたとしても、飼い主とペットの間には親子関係にも似た特別な関係があるので、個別具体的な事案においては、慎重な判断が必要となるでしょう。

　他方、現行法を前提にしても、裁判所による解決も考えられないわけではありません。飼い主の所有権に基づく権利行使を権利濫用（民法1条3項）であるとして制限するというものです。

　たとえば、ペットを虐待していた飼い主が、保護した人を相手に、所有権を根拠にペットの返還請求をする場合、その返還請求が権利濫用で許されないと反論できる可能性があるということです。このような主張が認められるかどうかは、飼い主のペットの管理状況やその期間、保護の方法等のさまざまな事情を総合考慮して判断されますが、権利濫用は例外的な場合にのみ認めらるもので、ハードルは高いかもしれません。

（第3章Ⅱ　山崎真一郎）

Ⅲ　実験動物の取扱い

1　現在の動物愛護法上の扱い

　実験動物とは、動物を教育、試験研究または生物学的製剤の用その他の科学上の利用に供するために、研究施設等で飼育している動物、または、実験用に繁殖・生産される動物を指します。かつては、保健所に引き取られた犬や猫や、有害駆除されたサルなども実験動物として用いられていました。

　実験動物であっても、動物愛護法上の「動物」であることには変わりなく、命あるものであることに配慮して大事にしながら、人と動物の共生する社会を実現していこうという基本原則が適用されます（同法2条）。基本指針で

も、「動物愛護の基本は、人においてその命が大切なように、動物の命についてもその尊厳を守るということにある」とされています。実験動物であっても、虐待や遺棄が禁止されていることに変わりはありません。ただ、いわゆるペットのような終生飼養が基本となる家庭動物と異なり、実験動物は苦痛を与えられたり、致死的利用がなされるため、以下で述べる３Ｒの原則のように、苦痛の軽減等に力点のおかれた規定がなされています（動物愛護法41条）。また、実験動物の取扱業者は、動物愛護法上の届出の必要な取扱業者からは除外されています（同法10条１項）。

　これまでの改正の経緯としては、2005年の動物愛護法改正で３Ｒの原則が動物愛護法の条文に組み込まれ、2006年に環境省が「実験動物の飼養及び保管並びに苦痛の軽減に関する基準」を策定しました。また、実験動物を利用した動物実験については、文部省・厚生労働省・農林水産省の各省がそれぞれ動物実験等の実施に関する基本指針を策定し、日本学術会議が「動物実験の適正な実施に向けたガイドライン」を策定しました。このように、日本では、行政機関による基本指針等のもと、各研究機関による自主管理体制で実験が行われている状況で、動物実験を直接に規制する法律はありません。2012年の動物愛護法改正の際、このような体制でよいのか議論になりましたが、最終的に、動物実験についての法改正はなされませんでした。しかし、2012年の改正にあたっての衆議院環境委員会における附帯決議では、「実験動物の取扱いに係る法制度の検討に際しては、関係者による自主管理の取組及び関係府省による実態把握の取組を踏まえつつ、国際的な規制の動向や科学的知見に関する情報の収集に努めること。また、関係府省との連携を図りつつ、３Ｒ（代替法の選択、使用数の削減、苦痛の軽減）の実効性の強化等により、実験動物の福祉の実現に努めること」とされ、自主管理の実効性、国際的な規制の動向等による検証が求められました。2019年改正にあたっては各論点につき、議論はされたものの、改正には至りませんでした。以下、引き続き問題になると思われる論点について検討します。

2 3Rの原則

　動物実験は、客観的には、意図的に動物に痛みや苦しみを与える行為ですが、医学的な研究などの合理的な目的で行われ、利用に必要な限度で行われるならば、人と動物の共生にあり方として許されるというのが、動物愛護法の基本的なスタンスといえます。動物実験の3Rの原則（3Rs：① Reduction；使用数の削減、② Refinement；苦痛の軽減、③ Replacement；代替法・動物を使わない方法への置き換え）が世界的な標準原則であり、この3Rの原則は、たとえばEUにおいては、加盟国に対し拘束力を持つEU指令（DIRECTIVE 2010/63/EU OF THE EUROPEAN PARLIAMENT AND OF THE COUNCIL of 22 September 2010 on the protection of animals used for scientific purposes）に規定されているほか、OECD、OIE（国際獣疫事務局）などの国際機関でも採用されています。わが国では、動物愛護法41条で、3Rの原則について規定はしているものの、いずれも「できる限り」と限定的であり、かつ②苦痛の軽減以外の①③は義務ではなく配慮規定となっています。動物愛護法41条については、3Rの原則がより遵守されるような体制の構築が今後も課題とされ（中央環境審議会動物愛護部会動物愛護管理のあり方検討小委員会（第21回）資料1）、3Rの原則の一定の義務化をはじめ、後述するような各種制度の制定などについて、今後も検討課題になるものと思われます。

3 実験動物業者の登録制

　現行法では、動物取扱業は登録制となっていますが、犬・猫・猿などを売買・繁殖させている実験動物業者は、上記のように、この動物取扱業から除外されています（動物愛護法10条1項）。このような除外規定は合理性があるのか検討の余地があるとの見解もあり、実験動物生産業者の動物取扱業への業種追加としてはどうかという見解もあります（中央環境審議会動物愛護部会動物愛護管理のあり方検討小委員会（第21回）資料1）。

4　実験施設の登録または届出制

　現行法の下では、文部科学省が大学などの研究機関、厚生労働省が民間の製薬会社や医療機関、農林水産省が畜産関係と、各所管の研究機関を各省庁が定めた基本指針のもとで指導監督している状況です。この監督から漏れる実験機関の存在も考えられ、統一的に責任を持ち実験機関を把握している省庁は現在のところ存在しません。また、各省庁の策定した基本指針は、あくまで指針を定めたもので、直接的な規制とは異なり強制力はありませんし、環境省令で「動物実験の飼養及び保管並びに苦痛の軽減に関する基準」が定められていますが、抽象的な基準にとどまっています。

　現状の実験機関ごとの自主管理体制が本当に有効なのかについては、動物愛護団体に寄せられる不当な実験に関する内部告発の存在や、動物実験計画書の書式もばらばらで、重要な項目がなかったり、記入漏れが多いなど不十分な動物実験計画書のまま実験が行われる例も見受けられるなどの問題点の指摘もあります。現に、酪農学園大学の准教授が、実験計画の申請をせず、学長の承認がないまま動物実験を行う（酪農学園大学2016年4月28日付けプレスリリース）事態も発生しており、当事者のチェックで十分なのかという疑問の声もあります（中央環境審議会動物愛護部会動物愛護管理のあり方検討小委員会（第21回）資料1）。環境省のホームページによれば、2006年に行ったパブリックコメントでも、実験施設への立入調査など、強制力のある規制を求める意見が多く出されています。動物愛護法の改正にあたって、環境省の審議会の場や、動物愛護団体から、3Rの原則に実効性を持たせるためには、それが適用される実験施設の把握が不可欠であり、どこで、誰が、どのような実験をしているか、実態を把握できるしくみを作り、その情報を国民に公開できる制度が必要なのではないかという意見も、根強くあります。

　国際的な規制の動向をみると、ヨーロッパやアメリカでは、実験動物の取扱いについて詳細に定めています。イギリスでは、動物実験は、法律で規制されており、個人免許保有者が、認証施設で、プロジェクト免許を得たプロ

ジェクト内でのみ行うことができ、内務大臣に指名された査察官が査察も行います。アメリカでは、実験施設は農務省長官の登録を受けることが義務付けられており、農務省査察官の抜き打ちの査察があります。そして、各施設の実験についての規制は自主規制を基盤とはしているものの、自主規制を監督するしくみが法律の中に規定されている点で、日本の自主規制とは異なります。

　日本においても、条例で実験施設を届出制とする自治体もあり（兵庫県動物愛護条例25条）、動物実験を取り扱う施設実験およびその管理責任者を登録制または届出制とすることは今後の重要な検討課題といえるでしょう。

5　改正に向けて

　実験動物業者への規制、動物実験施設の届出制については、動物愛護法改正のたびに議論になり、2012年改正に際しても、当初は、当時の政権与党である民主党の動物愛護対策ワーキングチーム（WT）の法案の骨子案では動物実験施設の届出制、３Rの原則の義務化について盛り込まれていましたが、最終的には削除されています。

　2019年改正にあたっては、議論はされたものの、改正には至りませんでした。実験動物の分野については、引き続き十分な議論がなされることが望まれます。　　　　　　　　　　　　　　　（第３章Ⅲ　佐藤光子・山本真彦）

―― *opinion* 動物実験についてのさまざまな見解 ――

〈時事通信文化特信部記者　森映子〉

　私は日本の動物実験の現状を７年間取材してきた。その現場は「閉ざされた世界」で取材拒否にあうことも多い。たとえば、獣医大学の学生が手技の練習などに実験動物を使う実習は動物実験の１つであるが、全国にある17獣医大の中で実験施設を見学させてくれたのは２大学だけだった。できるだけ実験動物を傷付けない教育をめざして優れた代替手段を導入し、病気の動物を診る臨床実習に力を入れ始めた大学もある。一方で、同じ犬で５日間連続の外科実習、牛の無麻酔の解剖をしていた大学もあった。動物実験福祉の３Rの原則のうち苦痛軽減（Refinement）は動物愛護法で「義務」だが、そ

の実態調査すらない。動物実験施設の自主管理は限界があり、登録制が絶対必要だと思う。

　しかし、動物実験を直接規制する法律はいまだにない。2019年6月、7年ぶりに動物愛護法が改正されたが、規制導入は実現しなかった。届出・登録制については一部の議員を除き後ろ向きで、超党派議員連盟の骨子案には18年末に3Rの義務化だけが入った。だが翌19年3月に動物実験関係者連絡協議会（動連協）が3R義務化の反対声明を出し、約120の学会などが賛同。立憲民主党の吉田統彦衆院議員は、国会で根本匠厚生労働大臣（当時）に山中伸弥京都大教授の言葉を引用し3R義務化に反対する質問をした。同月、骨子案から義務化は削除された。

　私は理念にすぎない3Rにさえ、ここまで強硬な反発があることに愕然とした。動連協は「大きな問題は存在しない」と主張するが、自治体の立ち入りもなく、実験室という密室で何が起きているのかわからないことが最大の問題なのである。

〈ALIVE〉

　動物実験は、科学研究や製剤開発、教育などの目的で、動物に多大な苦痛やストレスを与え、その生命を奪う行為であり、他の先進諸外国のように、動物福祉の観点から、行政が実態を把握し、適切な指導監督を行うとともに、一般市民に対して情報を公開し、透明性を保つ必要があります。現状では、動物実験は、関係省庁が作成した基準や指針のもとでの自主管理に委ねられていますが、関係省庁が行っている自主申告のアンケート調査を除けば、基準や指針の遵守状況は不明で、実験動物飼養施設（動物実験施設や実験動物生産施設）の正確な所在や実験動物の飼養保管状況をはじめ、動物実験／実験動物の実態はほとんど把握されておらず、行政が動物福祉の観点から実験動物飼養施設へ指導を行ったという事例も聞かれません。

　動物実験の国際原則とされ、動物愛護法や関係省庁の基準や指針にもうたわれている3Rsの実効性の確保などによる動物福祉の実現や、災害時の危機管理、公衆衛生の観点などからも、行政による定期的な立入調査を含めた実効性のある指導監督が必要であり、そのための前提として実験動物飼養施設の届出制は必須です。実験動物福祉をめぐる国際潮流の中で、日本だけが取り残されており、早期に法整備を行い、実験動物の適切な保護管理と福祉の向上を図ることが必要です。

〈猪股智夫麻布大学獣医学部獣医学科実験動物学研究室教授〉

日本において実施されている動物実験は、現在、動物愛護法という親法と、農水・文科・厚労といった関連省から告示された動物実験等の実施に関する基本指針に基づいて行われています。各研究機関は機関内規定を設け、自主管理体制により動物実験を実施しています。そこには動物実験であっても、獣医師が必要である旨の規制はありません。つまり、獣医師がいなくとも動物実験を実施できる体制にあります。

一方、欧米では、動物を飼育管理し動物実験を実施する場合、獣医師や実験動物技術者といった有資格者の元で実施されています。日本においても製薬企業などでは、動物実験を実施する場合、これを意識する傾向にあり、獣医師や実験動物技術者を採用しています。

動物実験において、実験のバラツキを最小限にし、整合性のある結果を得るためには、動物の特性（種、系統、手技、麻酔鎮痛、フェロモン、闘争）、飼育管理法（飼料、ケージ、環境エンリッチメント）、病気（実験動物感染症、人獣共通感染症）等に関する基礎知識が必要です。このことが３Rsにつながり、動物の健康や動物の福祉、人の健康に大きくかかわってくるのです。

しかし、個体発生や生命現象を観察している理学部や、ニューロコンピュータの作出を試み動物実験を行っている工学部、また、栄養学や心理学分野ではどうでしょう。実験動物学を教育するカリキュラムは存在するのでしょうか。動物実験や動物飼育管理の場に獣医師や実験動物技術者が携わっているのでしょうか。このような疑問が残ります。

〈動物実験施設関係団体等〉

（中央環境審議会動物愛護部会動物愛護管理のあり方検討小委員会（第21回）資料１）

・各機関において行っている動物実験に関する自主管理は適切に実施されており、また、現時点では動物実験について国民生活に社会的不利益が生じていないことから、実験動物繁殖業者の動物取扱業への追加および動物実験施設の届出制等の導入はすべきではない。

・動物愛護管理法及び関係基準、関係省庁や日本学術会議の指針に基づく現制度は平成17年に広く関係団体を含めた議論を経て構築された制度であり、これに基づく実験動物の飼養保管及び動物実験の実施体制については着実に普及、定着が進んでおり、社会的透明性を担保する第三者評価制度も運

用が開始されている。

・現行の動物取扱業に対する規制は、実験動物や畜産動物とは社会的位置付けの異なる家庭動物や展示動物を対象とし、平成17年にそれまでの届出制から登録制へと規制強化されたものであり、社会的位置付けの異なる動物の取扱業まで範囲を拡大することを検討する段階に至っていない。

・実験動物は大学、官庁、製薬、食品等の試験研究に利用されるという性格上、生産現場においてはユーザーから厳密な飼養管理、衛生管理の徹底が求められており、高品質の実験動物を供給するために動物福祉に配慮した飼養管理を行うことが事業を進める上で必須となっている。

Ⅳ 飼い主のいない猫の繁殖制限——地域猫活動

1 猫の引取り数

これまでの犬および猫の引取り数および殺処分数の変化をみると、動物愛護法の施行以降、着実に減少に向かっており、現在も減少傾向が続いています（☞第1章Ⅰ3）。

しかし、その内容をさらに詳しくみると、2014年度の犬の引取り数が10年前と比較すると約29％に減少し、殺処分数が約14％にまで減少しているのに対し、猫の引取り数は10年前と比較して約41％に減少し、殺処分数は約33％に減少するにとどまっています。また、殺処分された頭数をみても、2014年度の犬の殺処分数が2万1593頭なのに対し、猫の殺処分数は7万9745頭と、猫の殺処分数が占める割合が高いといえます。

さらに引き取られた猫の内訳をみると、2014年度のデータでは、所有者からの引取り数が1万6542頭であるのに対して、所有者不明の引取り数が8万1380頭となっており、所有者不明の猫の引取り数が非常に多いことがわかります。そして、所有者不明の引取り数の中でも、幼齢の個体が6万1618頭あり、その大部分を占めています。所有者不明の猫の中には、迷い猫も含まれると考えられますが、その大部分は、飼い主等のいない野良猫であると推測

されます。したがって、野良猫の繁殖抑制などを行えば、所有者不明の猫の引取り数も減少し、殺処分数の減少につながると考えられます。

そこで、近年注目されている活動が、地域猫活動です。

2　地域猫活動とは

地域猫活動とは、野良猫を放置や殺処分によって対処するのではなく、野良猫に不妊去勢手術をし、今後の繁殖を抑制するとともに、その猫を「地域の猫」として、近隣住民らが協力し、適切に面倒をみて管理することによって、人間と猫との共生を図ろうとする活動です。環境省が2010年2月に発表した「住宅密集地における犬猫の適正飼養ガイドライン」においても、飼い主のいない猫に対する有効な対策として紹介されています。

以前から、野良猫の繁殖を抑えるためには、TNR が必要だということがいわれてきました。TNR とは、Trap（捕まえる）、Neuter（去勢する）、Return（戻す）の略で、野良猫を捕まえ、不妊去勢手術をしたうえで、また生息していた場所へ戻すということです。これにより、野良猫の繁殖を抑えることができます。

これまで、この TNR のために、自治体が不妊去勢手術へ助成金を出すなどの施策が行われてきました。しかし、自治体が不妊去勢手術に助成金を出すのみでは、一部の問題意識を持っている人だけが不妊去勢手術を受けさせようとするのみで、野良猫対策の活動としての広がりに限界がありました。

そこで、「地域猫」という概念によって、野良猫の問題を「地域内の住民共通の課題」として認識し、地域住民が話し合い、ボランティア等とも協力しながら、地域に生息する猫に不妊去勢手術を施すとともに、地域内でルールを決めて、猫と共生できる環境を整え、野良猫の問題の解決を図ろうというのが地域猫活動の手法です。

具体的な活動としては、自治会等の住民組織が地域猫活動のためのグループを作り、そこにボランティアなども加わって、地域に生息する猫を把握し、その猫に不妊去勢手術を行います。手術後はその猫を再び地域に戻し、餌や

りの担当者や餌やりの方法を話し合って決めるとともに、糞尿等の掃除を行い、地域の生活環境の保全も行うというものです。

　また、地域住民やボランティアだけでなく、行政にも、地域猫活動の普及・啓発や、活動資金の助成、住民や関係者間の連絡調整役など、地域猫活動が円滑に行えるような活動が期待されています。

　この地域猫活動によって、もともと餌やりや糞尿の問題など地域内でトラブルの要因となっていた野良猫の問題について、愛猫家のみではなく、野良猫に対して不快感を持っていた住民も含めた地域住民が話し合い、餌やりの方法などをルール化することによって、住民と猫のお互いにとって良好な環境を整備し、住民間のトラブルも防ぐという効果が期待できます。野良猫に対してそれまで不快感を持っていた人であっても、地域に生息する猫が不妊去勢手術を受けた一代限りの命であるということや、適切に掃除などがなされることよって生活環境が良好に保たれるということがわかれば、地域猫活動に理解を示してくれる場合が多くあります。

3　条例による取組み

　これまでも、野良猫に関するトラブルを防ぐ目的で、餌やりの禁止を定める条例等がありました。しかし、仮に餌やりを禁止したとしても、猫がいなくなるとは限らず、不妊去勢手術をしなければ、地域内で猫は繁殖を続け、増えていくという場合もあります。また、このような条例は、餌やりを続ける住民を悪者扱いし、地域内で孤立させてしまうという問題点もあります。

　2015年３月、京都市では、単純に餌やりを禁止するのではなく、不適切な餌やりを禁止する一方で、適切な餌やりの方法についての基準を設ける条例が制定されました（「京都市動物との共生に向けたマナー等に関する条例」）。そして、この条例とともに、適切な餌やりの方法に関する基準も作られ、餌やりをする人の連絡先を自治会等に報告すること、残った餌を放置せず、食べ残しや糞尿も適切に処理し、生活環境に支障を生じさせないようにすること、餌やりを行う猫は不妊去勢手術をした猫などに限ることなどが定められまし

た。

　このような新たな形の条例は、餌やりをする住民を一方的に断罪するわけではなく、餌やりをする側もルールを守って行うように誘導するもので、餌やりをする側と、野良猫や野良猫に対する餌やりを不快に思っている側の利害調整を目的とするものだといえます。適切な餌やり方法の基準の中で、餌やりの対象となる猫を不妊去勢手術を受けた猫等に限定している点にも特色があり、地域猫活動と目的を共通にしている部分もあります。

　ただ、適切な餌やりの基準が厳しすぎるという見方もあり、同条例の制定に否定的な意見もあります。同条例では、不適切な餌やりに罰則が定められています。餌やりの方法について厳しい基準を定め、それに違反した者に罰則が科されるとしたら、地域に生息する猫と地域住民との共生のために活動しようとする人々を排除する結果になることも考えられることから、地域猫活動を結果的に阻害することになるのではないかという意見もあります。

　餌やりのあり方について自治体が強制力をもって介入することが望ましい姿といえるのか、条例制定の是非などについては、今後も検証が必要でしょう。

　地域猫活動が広がり、地域住民によって自主的に不妊去勢手術や餌やりのルール化がなされるようになれば、このような条例も必要がなくなるのではないでしょうか。

4　地域猫活動のこれから

　地域猫活動は、全国で広がりを見せ、野良猫の減少など着実な成果を上げています。この地域猫活動は、野良猫の減少にとどまらず、地域住民の協力によって猫を世話する環境を整えることによって、従来、近隣トラブルの原因ともなっていた野良猫問題について、住民間のトラブルを未然に防ぐという効果もあります。さらに、地域住民が地域の課題解決のために協力して取り組むことによって、地域内の住民のコミュニケーションが密になるという副次的な効果も期待できるとのことです。

　このような地域猫活動は、野良猫対策のための効果的な活動であり、所有者のいない猫の引取り数の減少および猫の殺処分数の減少に貢献するものです。したがって、今後もこのような地域での地道な活動を広げていくことが大切だといえます。そのためには、地域内で、地域猫活動を主導する動物愛護団体やボランティアの人々、地域の合意形成のための仲介的役割を担う自治体、そしてその地域に住む住民がお互いに協力し合うことが重要です。

　ただ、自治体によっては、地域猫活動の支援を行う職員が確保できないなどの問題を抱えている自治体もあります。地域猫活動の普及・促進のためには、行政の積極的な取組みも必要だと思います。動物愛護法で、自治体が「動物愛護担当職員」を置くことができるとされているので、このような職員を積極的に配置し、動物愛護活動の一環として地域猫活動の普及・支援活動を担わせることも、地域猫活動の普及・促進のための有効な方法といえるでしょう。

　この地域猫活動がさらに多くの地域に広がり、各地域で猫と住民がお互い幸せに暮らせる環境が整えられることが望まれます。

（第3章Ⅳ　吉田理人）

opinion　繁殖制限についてのさまざまな見解

〈太田快作獣医師〉

　野良猫の不妊手術に取り組むにあたっては、費用の問題があります。現在は多くの場合、ボランティアがこの費用を負担しています。ボランティアの負担を減らすために、この費用をたとえば区民税の中に組み込むことが考えられるのではないでしょうか。税金を使うとなると市民の理解を得ることが必要ですが、猫好きかどうかという問題ではなく、ゴミの問題と同じように環境の問題であると考えることができるのではないでしょうか。そのような意識改革のためにも、行政による啓発が非常に重要だと思います。

〈ALIVE〉

　依然として所有者不明の猫の持ち込みと殺処分率が高い現状に鑑みて、地域猫対策等、猫の繁殖制限に取り組まれる人々への公的支援を法的に根拠づける必要性があげられます。また、現行法の「繁殖に関する適切な措置」は、

家庭動物等のみならず第1種動物取扱業者も対象ですが、発情期のたびに犬猫に妊娠・出産を強いたり、多頭崩壊・大量放棄等を引き起こす犬猫等販売業者もおり、社会的問題に発展しています。母体保護の観点からも、初出産月齢、次出産までの期間、生涯出産回数などを具体的に定めるなど、「受け皿には限界がある」「入口を締める」ことを念頭においた抜本的改正が必要です。

Ⅴ　不妊去勢の義務化

　犬や猫を自由に繁殖させていると、あっという間に頭数が増えていきます。猫であれば、1回の出産で2匹〜8匹の猫を生むといわれています（東京都リーフレット「ネコふえちゃった!?」）。結果として、犬や猫が劣悪な環境で飼育されることになります。多頭飼育は、犬や猫にとって劣悪な環境で飼育されてしまうだけでなく、飼い主にとっても吠え声・ふん・尿などの周辺環境との兼ね合いで苦痛となり、最終的には放棄せざるを得なくなります。また、業者による「パピーミル」という大量繁殖施設において高い頻度で繁殖させられていたと考えられる犬の遺棄事例も社会問題になりました。

　そのようなことにならないためには、繁殖を止めること、つまり不妊去勢手術をすることが必要です。現状では、販売時や譲渡時に不妊去勢手術をするなどの形で行われています。

　2012年の動物愛護法改正の検討過程では、犬猫等の不妊去勢手術の義務化についても検討されていました（中央環境審議会「動物愛護のあり方報告書」3頁、衆議院調査局環境調査室「動物愛護及び管理をめぐる現状と課題」103頁）。義務化すべきとする意見は、その理由として、個人のモラルやマナーに委ねるだけでなく飼い主等の責務とすることが必要である、殺処分を減らすためには繁殖を減らすことが一番有効な手段である、猫の繁殖率は高いので屋外に出ることができる環境下で飼育している場合には義務化すべき、などという点を指摘していました。しかし、反対に、犬猫等の不妊去勢手術を公権力により義務化しなければならないほどの保護法益は大きくないうえ、責任を

もって飼養させる意識についての普及・啓発をすべきであるといった反対意見も根強くあり、義務化にまでは至らず、動物愛護法37条の努力義務が維持されるにとどまっています。

　不妊去勢手術を義務化するには、どう義務化するか、費用負担はどうするのかといった問題もあり、今後の検討課題として残っています。現実的な問題が費用です。不妊去勢手術をするにも費用がかかります。現在は、地域猫活動などではボランティアで不妊去勢手術がなされていることが多いようです。

　飼い主等による不妊去勢手術が積極的に行われることは、動物にとってもその飼い主等にとってもメリットが大きいものであり、推奨されるべきです。しかし、「義務化」となるとハードルが高くなります。今後、議論をさらに進めるとともに、不妊去勢手術の意義についての社会的な意識づけが必要になるでしょう。

（第3章Ⅴ　辻本雄一）

Ⅵ　動物取扱業者の適正化──登録制と許可制

1　現　状

　2012年の動物愛護法改正では、犬猫等販売業者から犬猫の引取りを求められたときに、行政が引取りを拒否できる場合の規定が新設されました（動物愛護法35条1項ただし書）。また2019年改正では、第1種動物取扱業の登録拒否事由が強化されたり、遵守すべき項目がより具体的に明示されました。このように、改正のたびに動物取扱業者に対する規制が強化され、業の適正化のための改正が相当程度に実現したとも評価されています。しかし、現実には今も一部悪質な業者がおり、虐待ともいえる動物の取扱いや大量遺棄事件もみられます。

　動物取扱業者も自主的に業の適正化に向けた取組みを行っています。動物取扱業者のための最大の業界団体は、2001年に設立された「一般社団法人全

国ペット協会」（ZPK）です。ZPK では、家庭動物管理士認定制度を設けたり、ガイドラインを制定したりして、ペット業界の発展と社会的地位の向上をめざし、積極的に活動に取り組んでいます。しかし、その加入率は２割を超える程度であって、業界全体の適正化に果たしうる役割は限定的となっています。

そのため、さらなる動物取扱業者の適正化のための規制の必要性やその方法を見直すべきではないかと考えられます。

2　現行の動物愛護法の問題点

(1)　登録拒否、登録取消しの実態

現行の動物愛護法では、第１種動物取扱業について、登録の拒否や登録の取消しができることから、実質的には許可制と位置づけられるともいわれています（中央環境審議会「動物愛護のあり方報告書」7頁）。

しかし、実際に登録が取り消された件数を見ると、2015年度から2018年度においては、2016年度に１件あるのみで、それ以外はいずれも０件です。登録拒否件数は明らかではありません（いずれも環境省ホームページ「動物愛護管理行政事務提要」平成28年度〜令和元年度版）。

登録取消しの件数が、ここ数年で１件である理由はわかりませんが、各自治体の第１種動物取扱業者に対する立入検査は毎年多数実施されていることからすると（たとえば、東京都では、2018年度には4736件実施されています。前掲「動物愛護管理行政事務提要」令和元年度版）、良質な業者ばかりであるとは考えにくいところですし、各自治体からの勧告などで業者の対応が改善されているかは疑問です（後述する昭島市のペットショップの事例参照）。

このような実態をみると、現行の登録制を維持したまま、その運用に任せるだけでは、不十分な部分があるといえます。

(2)　規制内容の不明確さ

登録制か許可制かという議論とあわせて、規制の内容が不明確であるとの問題点も指摘することができます。

　たとえば、第1種動物取扱業者は、動物の管理方法等に関して定められた基準を守らなければなりません（動物愛護法21条1項、施行規則8条）。しかし、その基準の内容をみると、「ケージ等は、個々の動物が自然な姿勢で……日常的な動作を容易に行うための十分な広さ及び空間を有するものとすること」、「ケージ等に入れる動物の種類及び数は、ケージ等の構造及び規模に見合ったものとすること」（施行規則8条12号、「第1種動物取扱業者が遵守すべき動物の管理の方法等の細目」（2006年環境省告示）3条1項1文、5条1号ハ）などと規定されているのみです。数値での基準ではなく、「自然な姿勢」、「日常的な動作を容易に行うため」、「ケージ等の構造及び規模に見合った」といったものであるため、内容が明確ではなく、解釈もさまざまになってしまいます。

　そしてそれは、行政にも容易に判断できるものではありません。そのため、行政も実効的に規制ができない状態にあります。このことは、2015年4月21日に行政処分がなされた昭島市のペットショップの事例でも明らかとなりました。同ペットショップに対しては、10年以上前から、住民等から行政に対して苦情が寄せられ、行政も繰り返し立入検査を行っていましたが、動物愛護法の規制が具体性を欠いているため、現場に赴いた行政担当官が同法に基づいた指導を行うことができなかったという点が指摘されています。

　このような指摘を受けて、2019年の動物愛護法改正では、犬猫等販売業者に遵守すべき動物の管理方法等に関する基準は「できる限り具体的なものでなければならない」（同法21条3項）との規定が新設され、一歩前進したといえます。現在、具体的な数値基準の創設に向けて検討されているところだと思われます。

3　今後の検討の必要性

　第1種動物取扱業者の適正化の方法として、許可制にすべきという意見も少なからず見られます（2012年動物愛護法改正の際になされたパブリックコメントでは、約3万7000件の意見のうち、約99.9％が許可制を導入すべきとの意見で

した（衆議院調査局環境調査室「動物愛護及び管理をめぐる現状と課題」参照）。

　ここで、「許可」とは、本来誰でも享受できる個人の自由を、公共の福祉の観点からあらかじめ一般的に禁止しておき、個別の申請に基づいて禁止を解除する行政行為です（櫻井敬子＝橋本博之『行政法〔第5版〕』78頁）。許可制にすることで、許可がされた業者にのみ営業を許すことになるため、自治体が管理・飼養者、飼養施設、管理方法等を総合的・個別具体的に判断することになり、入口でのより慎重な判断が期待できると考えられます。

　他方、現在の登録制のままで、登録時の審査の方法や内容など実質的な規制の内容について検討すればよいとの意見も強く見られ、その意見も説得的であるといえます。そのため、許可制の導入については、今後議論を深める必要があるでしょう。

　また、具体的な数値を示すことで規制を明確化することについては、動物取扱業者にとっても、また行政にとっても、規制の実効性確保のために必要不可欠であるといえます。2019年の動物愛護法改正を受けて、少なくとも犬猫等販売業者に関しては数値基準が設けられると思われますので、今後は、その具体的な数値基準が適切かどうか研究・議論を進める必要があるでしょう。

（第3章Ⅵ　片口浩子）

Ⅶ　自治体の収容施設

1　収容施設の役割

　各自治体は、犬・猫の引取りや保管、譲渡、処分を行っています。①各自治体が犬猫の所有者から犬猫を引き取った場合、譲渡先を募集し、希望者に譲渡するよう努めなければなりません（動物愛護法35条4項）。譲渡先が見つからない場合は、犬猫を殺処分します（環境省告示「犬及び猫の引取り並びに負傷動物等の収容に関する措置」（2006年））。②所有者の判明しない犬猫を引き取った場合には、所有者を発見したり所有者に返還するように努め、所有者

が発見できない場合には譲渡先を募集し、希望者に譲渡するように努めなければなりません（同項）。所有者や新たな譲渡先が見つからない場合は、殺処分することになります（同告示）。

多くの自治体は、この犬猫の引取り、保管、譲渡、殺処分を、動物愛護（管理）センターや保健所などの収容施設で行っています。なお、2019年の動物愛護法改正では、動物愛護管理センター（同法37条の２）について初めて規定が設けられ、その役割が明確になりました。

2 現状と問題点

自治体の収容施設に関連して、これまでさまざまな点が議論されてきました。その中で、2012年改正の際に問題となったのが、①収容施設の基準、②殺処分の方法、③引取りのルールです。

(1) 収容施設の基準

動物取扱業者のような管理方法の基準が、自治体の収容施設については存在しません。また、収容施設での動物の保管期間は、上記の環境省告示の中で「できる限り、保管動物の所有者、飼養を希望する者等の便宜等を考慮して定めるように努める」との抽象的な文言になっています。そのため、自治体の収容施設の設備や構造、保管期間などについて、自治体間の差が大きくなっています。そこで、収容施設に関する明確な基準を設けるべきではないかが問題となっています。

2012年の動物愛護法改正前に、中央環境審議会動物愛護部会の動物愛護管理のあり方検討小委員会（以下、「あり方検討小委員会」といいます）において、自治体の収容施設についての議論がなされました（2011年8月31日同委員会議事録参照）。

そこでは、収容施設の基準に関し、地域格差が大きいことが指摘され、また動物愛護センターは譲渡啓発普及の市民のモデルとなる場所であることからも、全国共通の基準を定めるべきであるとの意見があげられました。他方、その形式（法改正か、指針やガイドラインなどにするか）や財源の確保の方法

についての問題点もあげられました。

(2)　殺処分の方法

自治体で収容した動物の殺処分は、動物愛護法40条１項や「動物の殺処分方法に関する指針」（1995年総理府告示）に基づいて、できる限り動物に苦痛を与えない方法により行われています。しかし、それでも自治体によって炭酸ガスや二酸化炭素による処分が行われていたり、薬品による安楽死が行われていたりと差があります。また、実際に殺処分を行う職員の精神的負担に対する配慮の必要性も主張されています。

前述のあり方検討小委員会での議論では、動物愛護団体からは麻酔薬の注射による殺処分が望ましいとの意見、獣医師からは現実には１頭ずつ注射をするのは困難であるとの意見、また自治体からは学術的な検討が必要であるなどの意見があがりました。

なお、2019年動物愛護法改正で、殺処分の方法を定める場合には、国際的動向に十分配慮するように努力しなければならないことが新しく規定されました（同法40条３項）。

(3)　引取りのルール

従前の動物愛護法には都道府県の引取義務が規定されていただけでしたが、2012年改正によって見直しがなされ、都道府県が引取りを拒否できる場合が規定されました（動物愛護法35条１項）。さらに、2019年改正では、所有者の判明しない犬猫の引取りを求められた場合の拒否事由が新設されました（同法35条３項。以上、詳細は第２章Ⅳ４参照）。

3　今後の課題

(1)　収容施設の基準

自治体の収容施設も一定期間動物を保管する施設ですので、動物取扱業者には細かな基準が存在している以上、自治体の収容施設も施設の構造や設備に関する基準を明確にするほうが望ましいといえます。他方、引取頭数は一定ではないことから、必ずしも動物取扱業者と同水準に動物を管理すること

も難しい面があると思われます。また、動物の保管期間は、個々の状況に応じて最大限延長できるほうが望ましいため、各自治体の裁量があってよいといえます。

近年、動物殺処分をめぐる状況は変化しており、各自治体での犬猫の引取頭数や殺処分数は毎年減少しています。そこで、まずは、各自治体の状況を把握し、基準づくりを再度検討してもよいかもしれません。その基準は、動物福祉の観点から適切な飼養管理基準であることが必要ですが、殺処分数を減少させるために各自治体が柔軟に運用できるものが望ましいと思われます。

(2)　殺処分の方法

殺処分の方法については、内閣総理大臣官房管理室監修のもと、日本獣医師会より「動物の処分方法に関する指針の解説」（1996年）が発表されています。

同解説では、行政機関が数多くの犬猫を処分しなければならない現状を考慮して、一般的に愛玩動物を安楽死処置する場合と行政により殺処分する場合を分けて、後者は炭酸ガスを使用する方法が一般的であるとしています。なお、前者の場合は薬剤による処置が望ましいとしています。

また、同解説は、できる限り動物に苦痛を与えない方法として炭酸ガスによる殺処分の解説をしていますが、適切な炭酸ガスの注入には炭酸ガス作用濃度や作用時間等に配慮する必要があるなどと述べており、これらを実行する現場で判断することは難しいものとなっています。

同解説が発表されてから20年が経過し、殺処分頭数も大きく変化しています。そこで、あらためて殺処分の方法について議論・研究が必要でしょう。そして、国際的動向に配慮して、自治体が適切に実施できるように殺処分の方法を明確にする必要があるといえます。

(3)　引取りのルール

引取りのルールについては、改正のたびに明確化しつつあります。

実際に、犬猫の引取頭数は、環境省によると、2011年度には22万1000頭ほどでしたが、2017年度は約10万1000頭、2018年度は約9万2000頭と、引取り

のルールが規定される前と比較すると半減しており、その分殺処分数も減少しているといえ、一定の成果が出ているとも思われます。もっとも、この引取頭数の減少が、引取拒否事由を明示した法改正の効果であるといえるのかについては検証が必要です。

　また、引取拒否が増えれば、引き取られなかった動物が遺棄されたり、適切な飼養管理がされなくなったりする懸念も生じます。引取りのルールの充実化と合わせて、動物の流通ルートから外れた動物たち（たとえば、売れ残った動物）がどのように取り扱われているか調査し、その対応策も検討する必要があると思われます。

（第 3 章Ⅶ　片口浩子）

Ⅷ　ペットの高齢化

　2012年の動物愛護法改正により、飼い主等の終生飼養の責任が明記されました。ペットの高齢化に伴い、ペットの認知症が進む、徘徊などでペットの介護が必要になったものの、飼い主等が十分な介護の体制をとれないといったことや、ペットの寿命が延びたことにより飼い主の病気や仕事などのため飼育できない期間が発生するといったこともよく聞かれるようになりました。

　このような状況に対応するため、近年、老犬ホーム・老猫ホームと呼ばれる施設が現れました。中央環境審議会「動物愛護のあり方報告書」では、老犬ホーム・老猫ホームの規制の必要性が取り上げられ、2012年の動物愛護法改正では、老犬ホーム・老猫ホームは第 1 種動物取扱業者として届出制となり、同業者としての規制を受けることになりました。動物の所有権は飼い主のもとにとどめ動物を保管し飼養する形態のホームは「保管」として、所有権を譲り受け終生飼養義務など飼い主の責任もすべてホームに移転する形態のものは「譲受飼養」として、規制を受けることになったのです。

　現在では、保管の形態が多いようですが、今後は、飼い主としての責任の主体がホームに移転する譲受飼育の形態も増えることが、終生飼養など責任の主体の明確化からは望ましいといえるでしょう。また、老犬ホーム・老猫

173

ホームの施設のレベルはさまざまであり、高額の費用を飼い主に支払わせながら十分なケアをしないなどのトラブルを生む原因にもなっています。老犬ホーム・老猫ホームについても、飼養基準を具体的に定めることが、次回の動物愛護法改正では検討されてもよいでしょう。

（第3章Ⅷ　佐藤光子）

資料①　動物愛護法の2005年改正・2012年改正・2019年改正の
　　　主な内容

（環境省ホームページ「平成17年の法改正の内容」「平成24年の法改正の内容」
「令和元年の法改正の内容」より）

《2005年法改正の内容》
1　基本指針及び動物愛護管理推進計画の策定
［1］　環境大臣は、動物の愛護及び管理に関する施策を総合的に推進するため、基本的な指針を定める。
［2］　都道府県は当該指針に即して、動物の愛護及び管理に関する施策を推進するための計画を定める。
2　動物取扱業の適正化
（1）「登録制」の導入
［1］　現行の届出制を登録制に移行し、悪質な業者について登録及び更新の拒否、登録の取消し及び業務停止の命令措置を設ける。
［2］　登録動物取扱業者について氏名、登録番号等を記した標識の掲示を義務付ける。
（2）「動物取扱責任者」の選任及び研修の義務付け
［1］　事業所ごとに「動物取扱責任者」の選任を義務付ける。
［2］　「動物取扱責任者」に、都道府県知事等が行う研修会受講を義務付ける。
（3）動物取扱業の範囲の見直し
　動物取扱業として、新たに、インターネットによる販売等の施設を持たない業を追加する。また、「動物ふれあい施設」が含まれることを明確化する。
（4）生活環境の保全上の支障の防止
　動物の管理方法等に関して、鳴き声や臭い等の生活環境の保全上の支障を防止するための基準の遵守を義務付ける。
3　個体識別措置及び特定動物の飼養等規制の全国一律化
（1）動物の所有者を明らかにするための措置の具体的内容を環境大臣が定める。
（2）人の生命等に害を加えるおそれがあるとして政令で定める特定動物について、個体識別措置を義務付ける。
（3）特定動物による危害等防止の徹底を図るため、その飼養又は保管について全国一律の規制を導入する。（現行制度は、必要に応じた条例規制）

4 動物を科学上の利用に供する場合の配慮

　動物を科学上の利用に供する場合に、「科学上の利用の目的を達することができる範囲において、できる限り動物を供する方法に代わり得るものを利用すること、できる限りその利用に供される動物の数を少なくすること等により動物を適切に利用することに配慮するものとする」を加える。（現在は、「できる限りその動物に苦痛を与えない方法」と規定）

5 その他

　［1］　学校等における動物愛護の普及啓発：
　　　　動物の愛護と適正な飼養に関する普及啓発を推進するため、教育活動等が行われる場所の例示として、「学校、地域、家庭等」と明記する。
　［2］　動物由来感染症の予防：
　　　　動物の所有者等の責務規定として、「動物に起因する感染性の疾病の予防のために必要な注意を払うよう努めること」を追加する。
　［3］　犬ねこの引取り業務の委託先：
　　　　都道府県知事等が実施する犬又はねこの引取りについて、「動物の愛護を目的とする団体」が委託先になりうることを明記する。
　［4］　罰則：
　　　　登録制への移行、特定動物の飼養等規制の全国一律化等に伴い設けられた措置に関し、必要に応じて罰則を設ける。愛護動物に対する虐待等について、罰金を30万円以下から50万円以下に強化する。
　［5］　検討条項：
　　　　この改正法の施行後5年を目途として、必要に応じて所要の措置を講ずる旨の検討条項を設ける。

《2012年法改正の内容》

1 動物取扱業者の適正化

（1）犬猫等販売業に係る特例の創設
　　　　現行動物取扱業を第一種動物取扱業とし、第一種動物取扱業者のうち、犬猫等販売業者（犬又は猫その他環境省令で定める動物の販売（販売のための繁殖を含む。）を業として行う者）について、以下の事項を義務付ける。
　［1］　幼齢個体の安全管理、販売が困難となった犬猫等の扱いに関する犬猫等健康安全計画の策定及びその遵守（第10条第3項、第22条の2関係）
　［2］　飼養又は保管する犬猫等の適正飼養のための獣医師等との連携の確保（第22条の3関係）

［3］　販売が困難となった犬猫等の終生飼養の確保（第22条の４関係）

［4］　犬猫等の繁殖業者による出生後56日を経過しない犬猫の販売のための引渡し（販売業者等に対するものを含む。）・展示の禁止（第22条の５関係）

　　　なお、「56日」について、施行後３年間は「45日」と、その後別に法律で定める日までの間は「49日」と読み替える（附則第７条関係）。

［5］　犬・猫等の所有状況の記録・報告（第22条の６関係）

（2）動物取扱業者に係る規制強化

［1］　感染性の疾病の予防措置や、販売が困難になった場合の譲渡しについて努力義務として明記（第21条の２・第21条の３関係）

［2］　犬猫等を販売する際の現物確認・対面説明の義務付け（第21条の４関係）

（3）狂犬病予防法、種の保存法等違反を、第一種動物取扱業に係る登録拒否及び登録取消事由に追加する。（第12条第１項関係）

（4）第二種動物取扱業の創設（第24条の２〜第24条の４関係）

　　飼養施設を設置して動物の譲渡等を業として行う者（省令で定める数以上の動物を飼養する場合に限る。以下「第二種動物取扱業者」という。）に対し、飼養施設を設置する場所ごとに、取り扱う動物の種類及び数、飼養施設の構造及び規模、管理方法等について、都道府県知事等への届出を義務付ける。

2　多頭飼育の適正化

（1）騒音又は悪臭の発生等、勧告・命令の対象となる生活環境上の支障の内容を明確化する（第25条第１項関係）。

（2）多頭飼育に起因する虐待のおそれのある事態を、勧告・命令の対象に追加する（第25条第３項関係）。

（3）多頭飼育者に対する届出制度について、条例に基づき講じることができる施策として明記する（第９条関係）。

3　犬及び猫の引取り（第35条関係）

（1）都道府県等が、犬又は猫の引取りをその所有者から求められた場合に、その引取りを拒否できる事由（動物取扱業者からの引取りを求められた場合等）を明記する。

（2）引き取った犬又は猫の返還及び譲渡に関する努力義務規定を設ける。

4　災害対応

（1）災害時における動物の適正な飼養及び保管に関する施策を、動物愛護管理推進計画に定める事項に追加する（第６条関係）。

（2）動物愛護推進員の活動として、災害時における動物の避難、保護等に対す

資料

る協力を追加する（第38条関係）。

5　その他
（1）法目的に、遺棄の防止、動物の健康及び安全の保持、動物との共生等を加える（第１条関係）。
（2）基本原則に、取り扱う動物に対する適正な給餌給水、飼養環境の確保を加える（第２条関係）。
（3）所有者の責務に、終生飼養や適正な繁殖に係る努力義務を加える（第７条関係）。
（4）特定動物の飼養保管許可に当たっての申請事項に、「特定動物の飼養が困難になった場合の対処方法」を加える（第26条関係）。
（5）動物愛護担当職員及び動物愛護推進員制度に関する国による必要な情報の提供等を定めるとともに、動物愛護に係る表彰制度を設ける（第41条の３・第41条の４関係）。
（6）動物虐待等を発見した場合の獣医師による通報の努力義務規定を設ける（第41条の２関係）。
（7）マイクロチップの装着等の推進及びその装着を義務付けることに向けての検討に関する規定を設ける（附則第14条関係）。

6　罰則等
（1）酷使、疾病の放置等の虐待の具体的事例を明記する（第44条関係）。
（2）愛護動物の殺傷、虐待、無登録動物取扱、無許可特定動物飼養等について罰則を強化する（第44条～第49条関係）。

《2019年法改正の内容》
1　動物の所有者等が遵守する責務の明確化（第７条関係）
　動物の所有者又は占有者は、環境大臣が関係行政機関の長と協議して動物の飼養及び保管に関しよるべき基準を定めたときは、当該基準を遵守しなければならないこととする。

2　第一種動物取扱業による適正飼養等の促進等
（1）第一種動物取扱業の登録拒否事由の追加（第12条関係）
　　都道府県知事等が第一種動物取扱業の登録を拒否しなければならない要件を追加する。
（2）遵守基準の具体化（第21条関係）
　　第一種動物取扱業者が遵守しなければならない基準は、動物の愛護及び適正な飼養の観点を踏まえつつ、動物の種類、習性、出生後経過した期間等を

考慮して定める。犬猫等販売業者の基準はできる限り具体的なものとする。

（３）動物を販売する場合における対面による情報提供の徹底（第21条の４関係）

　　第一種動物取扱業者が動物を販売する場合において、動物の状態を直接見せ、対面による情報提供を行う義務について、その行為を行う場所をその事業所に限定する。

（４）帳簿の備付け等に係る義務の対象の拡大（第21条の５及び第24条の４第２項関係）

　　［１］　犬猫等販売業者に対する帳簿の備付け及び報告に係る義務について、第一種動物取扱業者のうち動物の販売、貸出し、展示その他政令で定める取扱いを業として営む者も対象とする。

　　［２］　犬猫等の譲渡しを行う第二種動物取扱業者について、個体に関する帳簿の備付け及び保存を義務付ける。

（５）動物取扱責任者の要件の適正化等（第22条関係）

　　［１］　動物取扱責任者は、動物の取扱いに関し、十分な技術的能力及び専門的な知識経験を有する者のうちから選任する。

　　［２］　都道府県知事等が行う動物取扱責任者研修の全部又は一部を委託することができることとする。

（６）動物取扱業者に対する勧告及び命令の制度の充実（第23条関係）

　　［１］　勧告に従わない第一種動物取扱業者について、その旨を公表することができる制度を設ける。

　　［２］　都道府県知事が動物取扱業者に対して行う勧告及び命令について、特別の事情がある場合を除き、３月以内の期限を設ける。

（７）第一種動物取扱業者であった者に対する監督の強化（第24条の２関係）

　　都道府県知事等は、第一種動物取扱業者がその登録を取り消された場合等において、その者に対し、当該取消し等の日から２年間は、動物の不適正な飼養又は保管により動物の健康及び安全が害されること並びに周辺の生活環境の保全上の支障が生ずることを防止するため、勧告、命令、報告の徴収及び立入検査を行うことができることとする。

（８）幼齢の犬又は猫の販売等の制限に係る激変緩和措置の廃止

　　［１］　出生後56日を経過しない犬又は猫の販売等の制限について、激変緩和措置に係る規定（平成24年改正法附則第７条）を削除する。

　　［２］　専ら文化財保護法の規定により天然記念物として指定された犬の繁殖を行う犬猫等販売業者が、犬猫等販売業者以外の者にその犬を販売する場合について、出生後56日を経過しない犬の販売等の制限の特例を設ける。

（附則第２項関係）

3　動物の適正飼養のための規制の強化

（1）都道府県知事等による不適正飼養に係る指導等の拡充（第25条関係）

　［1］　都道府県知事等は、周辺の生活環境が損なわれている事態が生じていると認めるときは、当該事態を生じさせている者に対し、その事態の改善に必要な指導又は助言を行うことができることとする。また、当該事態が生じたことの起因となる活動に給餌・給水を追加する。

　［2］　都道府県知事等は、周辺の生活環境の保全等に係る措置に必要な限度において、動物の飼養又は保管をしている者に対し、飼養又は保管の状況その他必要な事項に関する報告の徴収及び立入検査を行うことができることとする。

　［3］　多数に限らず一頭のみの飼養又は保管であっても、措置の対象とする（例えば、１頭であっても吠え癖のある犬による頻繁な吠え声の発生の放置は措置の対象になり得る。）。

（2）特定動物に関する規制の強化（第25条の２及び第26条関係）

　［1］　特定動物を愛玩飼養等の目的で飼養又は保管することを禁止する。

　［2］　特定動物が交雑して生じた動物を規制対象に追加する。

（3）犬及び猫の繁殖制限の義務化（第37条関係）

　　犬又は猫の所有者は、これらの動物がみだりに繁殖して適正飼養が困難となるようなおそれがあると認める場合には、所要の措置を講じなければならないこととする。

4　都道府県等の措置等の拡充

（1）所有者不明の犬及び猫の引取りの取扱い（第35条関係）

　　都道府県等は、所有者の判明しない犬又は猫の引取りをその拾得者その他の者から求められたときは、引取りを求める相当の事由がないと認められる場合には、その引取りを拒否することができることとする。（第35条第３項関係）

（2）動物愛護管理センターの位置付けの明確化（第37条の２関係）

　［1］　都道府県等は、動物の愛護及び管理に関する事務を所掌する部局又は当該都道府県等が設置する施設において、当該部局又は施設が動物愛護管理センターとしての機能を果たすようにする。

　［2］　動物愛護管理センターの業務を定める。

（3）動物愛護管理担当職員の拡充（第37条の３関係）

　［1］　動物愛護担当職員の名称を動物愛護管理担当職員に改める。

　　［２］　都道府県等に動物愛護管理担当職員を置くこととする。
　　［３］　指定都市及び中核市以外の市町村は、条例で定めるところにより、動物
　　　　　愛護管理担当職員を置くよう努めることとする。
（４）動物愛護推進員の委嘱の努力義務化（第38条関係）
　　　　都道府県等における動物愛護推進員の委嘱を努力義務とする。

５　マイクロチップの装着等

（１）マイクロチップの装着に係る義務（第39条の２関係）
　　［１］　犬猫等販売業者の義務
　　　　　犬猫等販売業者は、犬又は猫を取得したときは、当該犬又は猫を取得し
　　　　た日（生後90日以内の犬又は猫を取得した場合にあっては、生後90日を経
　　　　過した日）から30日を経過する日（その日までに当該犬又は猫の譲渡しを
　　　　する場合にあっては、その譲渡しの日）までに、当該犬又は猫にマイクロ
　　　　チップを装着しなければならないこととする。
　　［２］　飼い主の努力義務
　　　　　犬猫等販売業者以外の犬又は猫の所有者は、当該犬又は猫にマイクロチ
　　　　ップを装着するよう努めるものとする。
（２）犬又は猫の登録（第39条の５及び第39条の７関係）
　　［１］　（１）によりその所有する犬又は猫にマイクロチップを装着した者は、
　　　　　当該犬又は猫について、環境大臣の登録を受けなければならないこととす
　　　　る。
　　［２］　狂犬病予防法の登録手続の特例
　　　　　犬の登録があった場合における狂犬病予防法の登録手続の特例を設ける。
（３）環境大臣は、その指定する者に、犬又は猫の登録の実施等に関する事務を
　　　行わせることができることとする。（第39条の10関係）

６　その他

（１）動物を殺す場合の方法に係る国際的動向の考慮（第40条関係）
（２）獣医師による動物虐待等の通報の義務化（第41条の２関係）
（３）関係機関の連携の強化（第41条の４関係）
（４）地方公共団体に対する財政上の措置（第41条の５関係）

７　罰則の強化等

　　動物の殺傷に関する罰則について、懲役刑の上限が２年から５年に、罰金刑の
上限が200万円から500万円に引き上がり、虐待及び遺棄に関する罰則について、
100万円以下の罰金刑に１年以下の懲役刑が加わる。また、具体的な虐待行為の
例示をより広範に明記する。

資料

8 施行期日

公布の日から起算して１年を超えない範囲内において政令で定める日 【下記以外の規定】

公布の日から起算して２年を超えない範囲内において政令で定める日 【２.（２）遵守基準の具体化及び２.（８）幼齢の犬又は猫の販売等の制限に係る激変緩和措置の廃止】

公布の日から起算して３年を超えない範囲内において政令で定める日 【５.マイクロチップの装着等】

資料②　動物愛護法（全文）

動物の愛護及び管理に関する法律

（昭和48年10月1日法律第105号、令和2年7月現在）

第1章　総則
第2章　基本指針等
第3章　動物の適正な取扱い
　第1節　総則
　第2節　第一種動物取扱業者
　第3節　第二種動物取扱業者
　第4節　周辺の生活環境の保全等に係る措置
　第5節　動物による人の生命等に対する侵害を防止するための措置
第4章　都道府県等の措置等
第4章の2　動物愛護管理センター等
第4章の3　犬及び猫の登録
第5章　雑則
第6章　罰則

第1章　総則

（目的）

第1条　この法律は、動物の虐待及び遺棄の防止、動物の適正な取扱いその他動物の健康及び安全の保持等の動物の愛護に関する事項を定めて国民の間に動物を愛護する気風を招来し、生命尊重、友愛及び平和の情操の涵養に資するとともに、動物の管理に関する事項を定めて動物による人の生命、身体及び財産に対する侵害並びに生活環境の保全上の支障を防止し、もつて人と動物の共生する社会の実現を図ることを目的とする。

（基本原則）

第2条　動物が命あるものであることにかんがみ、何人も、動物をみだりに殺し、傷つけ、又は苦しめることのないようにするのみでなく、人と動物の共生に配慮しつつ、その習性を考慮して適正に取り扱うようにしなければならない。

2　何人も、動物を取り扱う場合には、その飼養又は保管の目的の達成に支障を

及ぼさない範囲で、適切な給餌及び給水、必要な健康の管理並びにその動物の種類、習性等を考慮した飼養又は保管を行うための環境の確保を行わなければならない。

（普及啓発）

第3条 国及び地方公共団体は、動物の愛護と適正な飼養に関し、前条の趣旨にのっとり、相互に連携を図りつつ、学校、地域、家庭等における教育活動、広報活動等を通じて普及啓発を図るように努めなければならない。

（動物愛護週間）

第4条 ひろく国民の間に命あるものである動物の愛護と適正な飼養についての関心と理解を深めるようにするため、動物愛護週間を設ける。

2　動物愛護週間は、9月20日から同月26日までとする。

3　国及び地方公共団体は、動物愛護週間には、その趣旨にふさわしい行事が実施されるように努めなければならない。

第2章　基本指針等

（基本指針）

第5条 環境大臣は、動物の愛護及び管理に関する施策を総合的に推進するための基本的な指針（以下「基本指針」という。）を定めなければならない。

2　基本指針には、次の事項を定めるものとする。

　一　動物の愛護及び管理に関する施策の推進に関する基本的な方向

　二　次条第一項に規定する動物愛護管理推進計画の策定に関する基本的な事項

　三　その他動物の愛護及び管理に関する施策の推進に関する重要事項

3　環境大臣は、基本指針を定め、又はこれを変更しようとするときは、あらかじめ、関係行政機関の長に協議しなければならない。

4　環境大臣は、基本指針を定め、又はこれを変更したときは、遅滞なく、これを公表しなければならない。

（動物愛護管理推進計画）

第6条 都道府県は、基本指針に即して、当該都道府県の区域における動物の愛護及び管理に関する施策を推進するための計画（以下「動物愛護管理推進計画」という。）を定めなければならない。

2　動物愛護管理推進計画には、次の事項を定めるものとする。

　一　動物の愛護及び管理に関し実施すべき施策に関する基本的な方針

　二　動物の適正な飼養及び保管を図るための施策に関する事項

　三　災害時における動物の適正な飼養及び保管を図るための施策に関する事項

四　動物の愛護及び管理に関する施策を実施するために必要な体制の整備（国、
関係地方公共団体、民間団体等との連携の確保を含む。）に関する事項

3　動物愛護管理推進計画には、前項各号に掲げる事項のほか、動物の愛護及び
管理に関する普及啓発に関する事項その他動物の愛護及び管理に関する施策を
推進するために必要な事項を定めるように努めるものとする。

4　都道府県は、動物愛護管理推進計画を定め、又はこれを変更しようとすると
きは、あらかじめ、関係市町村の意見を聴かなければならない。

5　都道府県は、動物愛護管理推進計画を定め、又はこれを変更したときは、遅
滞なく、これを公表するように努めなければならない。

第3章　動物の適正な取扱い
第1節　総則

（動物の所有者又は占有者の責務等）

第7条　動物の所有者又は占有者は、命あるものである動物の所有者又は占有者
として動物の愛護及び管理に関する責任を十分に自覚して、その動物をその種
類、習性等に応じて適正に飼養し、又は保管することにより、動物の健康及び
安全を保持するように努めるとともに、動物が人の生命、身体若しくは財産に
害を加え、生活環境の保全上の支障を生じさせ、又は人に迷惑を及ぼすことの
ないように努めなければならない。この場合において、その飼養し、又は保管
する動物について第7項の基準が定められたときは、動物の飼養及び保管につ
いては、当該基準によるものとする。

2　動物の所有者又は占有者は、その所有し、又は占有する動物に起因する感染
性の疾病について正しい知識を持ち、その予防のために必要な注意を払うよう
に努めなければならない。

3　動物の所有者又は占有者は、その所有し、又は占有する動物の逸走を防止す
るために必要な措置を講ずるよう努めなければならない。

4　動物の所有者は、その所有する動物の飼養又は保管の目的等を達する上で支
障を及ぼさない範囲で、できる限り、当該動物がその命を終えるまで適切に飼
養すること（以下「終生飼養」という。）に努めなければならない。

5　動物の所有者は、その所有する動物がみだりに繁殖して適正に飼養すること
が困難とならないよう、繁殖に関する適切な措置を講ずるよう努めなければな
らない。

6　動物の所有者は、その所有する動物が自己の所有に係るものであることを明
らかにするための措置として環境大臣が定めるものを講ずるように努めなけれ

ばならない。

7　環境大臣は、関係行政機関の長と協議して、動物の飼養及び保管に関しよるべき基準を定めることができる。

（動物販売業者の責務）

第8条　動物の販売を業として行う者は、当該販売に係る動物の購入者に対し、当該動物の種類、習性、供用の目的等に応じて、その適正な飼養又は保管の方法について、必要な説明をしなければならない。

2　動物の販売を業として行う者は、購入者の購入しようとする動物の飼養及び保管に係る知識及び経験に照らして、当該購入者に理解されるために必要な方法及び程度により、前項の説明を行うよう努めなければならない。

（地方公共団体の措置）

第9条　地方公共団体は、動物の健康及び安全を保持するとともに、動物が人に迷惑を及ぼすことのないようにするため、条例で定めるところにより、動物の飼養及び保管について動物の所有者又は占有者に対する指導をすること、多数の動物の飼養及び保管に係る届出をさせることその他の必要な措置を講ずることができる。

第2節　第一種動物取扱業者

（第一種動物取扱業の登録）

第10条　動物（哺乳類、鳥類又は爬虫類に属するものに限り、畜産農業に係るもの及び試験研究用又は生物学的製剤の製造の用その他政令で定める用途に供するために飼養し、又は保管しているものを除く。以下この節から第4節までにおいて同じ。）の取扱業（動物の販売（その取次ぎ又は代理を含む。次項及び第21条の4において同じ。）、保管、貸出し、訓練、展示（動物との触れ合いの機会の提供を含む。第25条の5を除き、以下同じ。）その他政令で定める取扱いを業として行うことをいう。以下この節、第37条の2第2項第1号及び第46条第1号において「第一種動物取扱業」という。）を営もうとする者は、当該業を営もうとする事業所の所在地を管轄する都道府県知事（地方自治法（昭和22年法律第67号）第252条の19第1項の指定都市（以下「指定都市」という。）にあつては、その長とする。以下この節から第5節まで（第25条第7項を除く。）において同じ。）の登録を受けなければならない。

2　前項の登録を受けようとする者は、次に掲げる事項を記載した申請書に環境省令で定める書類を添えて、これを都道府県知事に提出しなければならない。

一　氏名又は名称及び住所並びに法人にあつては代表者の氏名

二　事業所の名称及び所在地

三　事業所ごとに置かれる動物取扱責任者（第22条第１項に規定する者をいう。）の氏名

四　その営もうとする第一種動物取扱業の種別（販売、保管、貸出し、訓練、展示又は前項の政令で定める取扱いの別をいう。以下この号において同じ。）並びにその種別に応じた業務の内容及び実施の方法

五　主として取り扱う動物の種類及び数

六　動物の飼養又は保管のための施設（以下この節から第４節までにおいて「飼養施設」という。）を設置しているときは、次に掲げる事項

イ　飼養施設の所在地

ロ　飼養施設の構造及び規模

ハ　飼養施設の管理の方法

七　その他環境省令で定める事項

3　第１項の登録の申請をする者は、犬猫等販売業（犬猫等（犬又は猫その他環境省令で定める動物をいう。以下同じ。）の販売を業として行うことをいう。以下同じ。）を営もうとする場合には、前項各号に掲げる事項のほか、同項の申請書に次に掲げる事項を併せて記載しなければならない。

一　販売の用に供する犬猫等の繁殖を行うかどうかの別

二　販売の用に供する幼齢の犬猫等（繁殖を併せて行う場合にあつては、幼齢の犬猫等及び繁殖の用に供し、又は供する目的で飼養する犬猫等。第12条第１項において同じ。）の健康及び安全を保持するための体制の整備、販売の用に供することが困難となつた犬猫等の取扱いその他環境省令で定める事項に関する計画（以下「犬猫等健康安全計画」という。）

（登録の実施）

第11条　都道府県知事は、前条第２項の規定による登録の申請があつたときは、次条第１項の規定により登録を拒否する場合を除くほか、前条第２項第１号から第３号まで及び第５号に掲げる事項並びに登録年月日及び登録番号を第一種動物取扱業者登録簿に登録しなければならない。

2　都道府県知事は、前項の規定による登録をしたときは、遅滞なく、その旨を申請者に通知しなければならない。

（登録の拒否）

第12条　都道府県知事は、第10条第１項の登録を受けようとする者が次の各号のいずれかに該当するとき、同条第２項の規定による登録の申請に係る同項第４号に掲げる事項が動物の健康及び安全の保持その他動物の適正な取扱いを確保

するため必要なものとして環境省令で定める基準に適合していないと認めると
き、同項の規定による登録の申請に係る同項第6号ロ及びハに掲げる事項が環
境省令で定める飼養施設の構造、規模及び管理に関する基準に適合していない
と認めるとき、若しくは犬猫等販売業を営もうとする場合にあつては、犬猫等
健康安全計画が幼齢の犬猫等の健康及び安全の確保並びに犬猫等の終生飼養の
確保を図るため適切なものとして環境省令で定める基準に適合していないと認
めるとき、又は申請書若しくは添付書類のうちに重要な事項について虚偽の記
載があり、若しくは重要な事実の記載が欠けているときは、その登録を拒否し
なければならない。

一　心身の故障によりその業務を適正に行うことができない者として環境省令
　で定める者

二　破産手続開始の決定を受けて復権を得ない者

三　第19条第1項の規定により登録を取り消され、その処分のあつた日から5
　年を経過しない者

四　第10条第1項の登録を受けた者（以下「第一種動物取扱業者」という。）
　で法人であるものが第19条第1項の規定により登録を取り消された場合にお
　いて、その処分のあつた日前30日以内にその第一種動物取扱業者の役員であ
　つた者でその処分のあつた日から5年を経過しないもの

五　第19条第1項の規定により業務の停止を命ぜられ、その停止の期間が経過
　しない者

五の二　禁錮以上の刑に処せられ、その執行を終わり、又は執行を受けること
　がなくなつた日から5年を経過しない者

六　この法律の規定、化製場等に関する法律（昭和23三年法律第140号）第10
　条第2号（同法第9条第5項において準用する同法第7条に係る部分に限
　る。）若しくは第3号の規定、外国為替及び外国貿易法（昭和24年法律第228
　号）第69条の7第1項第4号（動物に係るものに限る。以下この号において
　同じ。）若しくは第5号（動物に係るものに限る。以下この号において同
　じ。）、第70条第1項第36号（同法第48条第3項又は第52条の規定に基づく命
　令の規定による承認（動物の輸出又は輸入に係るものに限る。）に係る部分
　に限る。以下この号において同じ。）若しくは第72条第1項第3号（同法第
　69条の7第1項第4号及び第5号に係る部分に限る。）若しくは第5号（同
　法第70条第1項第36号に係る部分に限る。）の規定、狂犬病予防法（昭和25
　年法律第247号）第27条第1号若しくは第2号の規定、絶滅のおそれのある
　野生動植物の種の保存に関する法律（平成4年法律第75号）の規定、鳥獣の

保護及び管理並びに狩猟の適正化に関する法律（平成14年法律第88号）の規定又は特定外来生物による生態系等に係る被害の防止に関する法律（平成16年法律第78号）の規定により罰金以上の刑に処せられ、その執行を終わり、又は執行を受けることがなくなつた日から５年を経過しない者

　七　暴力団員による不当な行為の防止等に関する法律（平成３年法律第77号）第２条第６号に規定する暴力団員又は同号に規定する暴力団員でなくなつた日から５年を経過しない者

　七の二　第一種動物取扱業に関し不正又は不誠実な行為をするおそれがあると認めるに足りる相当の理由がある者として環境省令で定める者

　八　法人であつて、その役員又は環境省令で定める使用人のうちに前各号のいずれかに該当する者があるもの

　九　個人であつて、その環境省令で定める使用人のうちに第１号から第７号の２までのいずれかに該当する者があるもの

２　都道府県知事は、前項の規定により登録を拒否したときは、遅滞なく、その理由を示して、その旨を申請者に通知しなければならない。

（登録の更新）

第13条　第10条第１項の登録は、５年ごとにその更新を受けなければ、その期間の経過によつて、その効力を失う。

２　第10条第２項及び第３項並びに前２条の規定は、前項の更新について準用する。

３　第１項の更新の申請があつた場合において、同項の期間（以下この条において「登録の有効期間」という。）の満了の日までにその申請に対する処分がされないときは、従前の登録は、登録の有効期間の満了後もその処分がされるまでの間は、なおその効力を有する。

４　前項の場合において、登録の更新がされたときは、その登録の有効期間は、従前の登録の有効期間の満了の日の翌日から起算するものとする。

（変更の届出）

第14条　第一種動物取扱業者は、第10条第２項第４号若しくは第３項第１号に掲げる事項の変更（環境省令で定める軽微なものを除く。）をし、飼養施設を設置しようとし、又は犬猫等販売業を営もうとする場合には、あらかじめ、環境省令で定めるところにより、都道府県知事に届け出なければならない。

２　第一種動物取扱業者は、前項の環境省令で定める軽微な変更があつた場合又は第10条第２項各号（第４号を除く。）若しくは第３項第２号に掲げる事項に変更（環境省令で定める軽微なものを除く。）があつた場合には、前項の場合

を除き、その日から30日以内に、環境省令で定める書類を添えて、その旨を都道府県知事に届け出なければならない。

3　第10条第1項の登録を受けて犬猫等販売業を営む者（以下「犬猫等販売業者」という。）は、犬猫等販売業を営むことをやめた場合には、第16条第1項に規定する場合を除き、その日から30日以内に、環境省令で定める書類を添えて、その旨を都道府県知事に届け出なければならない。

4　第11条及び第12条の規定は、前3項の規定による届出があつた場合に準用する。

（第一種動物取扱業者登録簿の閲覧）

第15条　都道府県知事は、第一種動物取扱業者登録簿を一般の閲覧に供しなければならない。

（廃業等の届出）

第16条　第一種動物取扱業者が次の各号のいずれかに該当することとなつた場合においては、当該各号に定める者は、その日から30日以内に、その旨を都道府県知事に届け出なければならない。

一　死亡した場合　その相続人

二　法人が合併により消滅した場合　その法人を代表する役員であつた者

三　法人が破産手続開始の決定により解散した場合　その破産管財人

四　法人が合併及び破産手続開始の決定以外の理由により解散した場合　その清算人

五　その登録に係る第一種動物取扱業を廃止した場合　第一種動物取扱業者であつた個人又は第一種動物取扱業者であつた法人を代表する役員

2　第一種動物取扱業者が前項各号のいずれかに該当するに至つたときは、第一種動物取扱業者の登録は、その効力を失う。

（登録の抹消）

第17条　都道府県知事は、第13条第1項若しくは前条第2項の規定により登録がその効力を失つたとき、又は第19条第1項の規定により登録を取り消したときは、当該第一種動物取扱業者の登録を抹消しなければならない。

（標識の掲示）

第18条　第一種動物取扱業者は、環境省令で定めるところにより、その事業所ごとに、公衆の見やすい場所に、氏名又は名称、登録番号その他の環境省令で定める事項を記載した標識を掲げなければならない。

（登録の取消し等）

第19条　都道府県知事は、第一種動物取扱業者が次の各号のいずれかに該当する

ときは、その登録を取り消し、又は六月以内の期間を定めてその業務の全部若しくは一部の停止を命ずることができる。

一　不正の手段により第一種動物取扱業者の登録を受けたとき。

二　その者が行う業務の内容及び実施の方法が第12条第１項に規定する動物の健康及び安全の保持その他動物の適正な取扱いを確保するため必要なものとして環境省令で定める基準に適合しなくなつたとき。

三　飼養施設を設置している場合において、その者の飼養施設の構造、規模及び管理の方法が第12条第１項に規定する飼養施設の構造、規模及び管理に関する基準に適合しなくなつたとき。

四　犬猫等販売業を営んでいる場合において、犬猫等健康安全計画が第12条第１項に規定する幼齢の犬猫等の健康及び安全の確保並びに犬猫等の終生飼養の確保を図るため適切なものとして環境省令で定める基準に適合しなくなつたとき。

五　第12条第１項第１号、第２号、第４号又は第５号の２から第９号までのいずれかに該当することとなつたとき。

六　この法律若しくはこの法律に基づく命令又はこの法律に基づく処分に違反したとき。

２　第12条第２項の規定は、前項の規定による処分をした場合に準用する。

（環境省令への委任）

第20条　第10条から前条までに定めるもののほか、第一種動物取扱業者の登録に関し必要な事項については、環境省令で定める。

（基準遵守義務）

第21条　第一種動物取扱業者は、動物の健康及び安全を保持するとともに、生活環境の保全上の支障が生ずることを防止するため、その取り扱う動物の管理の方法等に関し環境省令で定める基準を遵守しなければならない。

２　都道府県又は指定都市は、動物の健康及び安全を保持するとともに、生活環境の保全上の支障が生ずることを防止するため、その自然的、社会的条件から判断して必要があると認めるときは、条例で、前項の基準に代えて第一種動物取扱業者が遵守すべき基準を定めることができる。

（感染性の疾病の予防）

　第21条の２　第一種動物取扱業者は、その取り扱う動物の健康状態を日常的に確認すること、必要に応じて獣医師による診療を受けさせることその他のその取り扱う動物の感染性の疾病の予防のために必要な措置を適切に実施するよう努めなければならない。

（動物を取り扱うことが困難になつた場合の譲渡し等）

第21条の3　第一種動物取扱業者は、第一種動物取扱業を廃止する場合その他の業として動物を取り扱うことが困難になつた場合には、当該動物の譲渡しその他の適切な措置を講ずるよう努めなければならない。

（販売に際しての情報提供の方法等）

第21条の4　第一種動物取扱業者のうち犬、猫その他の環境省令で定める動物の販売を業として営む者は、当該動物を販売する場合には、あらかじめ、当該動物を購入しようとする者（第一種動物取扱業者を除く。）に対し、その事業所において、当該販売に係る動物の現在の状態を直接見せるとともに、対面（対面によることが困難な場合として環境省令で定める場合には、対面に相当する方法として環境省令で定めるものを含む。）により書面又は電磁的記録（電子的方式、磁気的方式その他人の知覚によつては認識することができない方式で作られる記録であつて、電子計算機による情報処理の用に供されるものをいう。）を用いて当該動物の飼養又は保管の方法、生年月日、当該動物に係る繁殖を行つた者の氏名その他の適正な飼養又は保管のために必要な情報として環境省令で定めるものを提供しなければならない。

（動物に関する帳簿の備付け等）

第21条の5　第一種動物取扱業者のうち動物の販売、貸出し、展示その他政令で定める取扱いを業として営む者（次項において「動物販売業者等」という。）は、環境省令で定めるところにより、帳簿を備え、その所有し、又は占有する動物について、その所有し、若しくは占有した日、その販売若しくは引渡しをした日又は死亡した日その他の環境省令で定める事項を記載し、これを保存しなければならない。

2　動物販売業者等は、環境省令で定めるところにより、環境省令で定める期間ごとに、次に掲げる事項を都道府県知事に届け出なければならない。

　一　当該期間が開始した日に所有し、又は占有していた動物の種類ごとの数

　二　当該期間中に新たに所有し、又は占有した動物の種類ごとの数

　三　当該期間中に販売若しくは引渡し又は死亡の事実が生じた動物の当該事実の区分ごと及び種類ごとの数

　四　当該期間が終了した日に所有し、又は占有していた動物の種類ごとの数

　五　その他環境省令で定める事項

（動物取扱責任者）

第22条　第一種動物取扱業者は、事業所ごとに、環境省令で定めるところにより、当該事業所に係る業務を適正に実施するため、十分な技術的能力及び専門的な

知識経験を有する者のうちから、動物取扱責任者を選任しなければならない。

2　動物取扱責任者は、第12条第1項第1号から第7号の2までに該当する者以外の者でなければならない。

3　第一種動物取扱業者は、環境省令で定めるところにより、動物取扱責任者に動物取扱責任者研修（都道府県知事が行う動物取扱責任者の業務に必要な知識及び能力に関する研修をいう。次項において同じ。）を受けさせなければならない。

4　都道府県知事は、動物取扱責任者研修の全部又は一部について、適当と認める者に、その実施を委託することができる。

（犬猫等健康安全計画の遵守）

第22条の2　犬猫等販売業者は、犬猫等健康安全計画の定めるところに従い、その業務を行わなければならない。

（獣医師等との連携の確保）

第22条の3　犬猫等販売業者は、その飼養又は保管をする犬猫等の健康及び安全を確保するため、獣医師等との適切な連携の確保を図らなければならない。

（終生飼養の確保）

第22条の4　犬猫等販売業者は、やむを得ない場合を除き、販売の用に供することが困難となつた犬猫等についても、引き続き、当該犬猫等の終生飼養の確保を図らなければならない。

（幼齢の犬又は猫に係る販売等の制限）

第25条の5　犬猫等販売業者（販売の用に供する犬又は猫の繁殖を行う者に限る。）は、その繁殖を行つた犬又は猫であつて出生後56日を経過しないものについて、販売のため又は販売の用に供するために引渡し又は展示をしてはならない。

（犬猫等の検案）

第22条の6　都道府県知事は、犬猫等販売業者の所有する犬猫等に係る死亡の事実の発生の状況に照らして必要があると認めるときは、環境省令で定めるところにより、犬猫等販売業者に対して、期間を指定して、当該指定期間内にその所有する犬猫等に係る死亡の事実が発生した場合には獣医師による診療中に死亡したときを除き獣医師による検案を受け、当該指定期間が満了した日から30日以内に当該指定期間内に死亡の事実が発生した全ての犬猫等の検案書又は死亡診断書を提出すべきことを命ずることができる。

（勧告及び命令）

第23条　都道府県知事は、第一種動物取扱業者が第21条第1項又は第2項の基準

を遵守していないと認めるときは、その者に対し、期限を定めて、その取り扱う動物の管理の方法等を改善すべきことを勧告することができる。

2 都道府県知事は、第一種動物取扱業者が第21条の４若しくは第22条第３項の規定を遵守していないと認めるとき、又は犬猫等販売業者が第22条の５の規定を遵守していないと認めるときは、その者に対し、期限を定めて、必要な措置をとるべきことを勧告することができる。

3 都道府県知事は、前２項の規定による勧告を受けた者が前２項の期限内にこれに従わなかつたときは、その旨を公表することができる。

4 都道府県知事は、第１項又は第２項の規定による勧告を受けた者が正当な理由がなくてその勧告に係る措置をとらなかつたときは、その者に対し、期限を定めて、その勧告に係る措置をとるべきことを命ずることができる。

5 第１項、第２項及び前項の期限は、３月以内とする。ただし、特別の事情がある場合は、この限りでない。

（報告及び検査）

第24条 都道府県知事は、第10条から第19条まで及び第21条から前条までの規定の施行に必要な限度において、第一種動物取扱業者に対し、飼養施設の状況、その取り扱う動物の管理の方法その他必要な事項に関し報告を求め、又はその職員に、当該第一種動物取扱業者の事業所その他関係のある場所に立ち入り、飼養施設その他の物件を検査させることができる。

2 前項の規定により立入検査をする職員は、その身分を示す証明書を携帯し、関係人に提示しなければならない。

3 第１項の規定による立入検査の権限は、犯罪捜査のために認められたものと解釈してはならない。

（第一種動物取扱業者であつた者に対する勧告等）

第24条の２ 都道府県知事は、第一種動物取扱業者について、第13条第１項若しくは第16条第２項の規定により登録がその効力を失つたとき又は第19条第１項の規定により登録を取り消したときは、その者に対し、これらの事由が生じた日から２年間は、期限を定めて、動物の不適正な飼養又は保管により動物の健康及び安全が害されること並びに周辺の生活環境の保全上の支障が生ずることを防止するため必要な勧告をすることができる。

2 都道府県知事は、前項の規定による勧告を受けた者が正当な理由がなくてその勧告に係る措置をとらなかつたときは、その者に対し、期限を定めて、その勧告に係る措置をとるべきことを命ずることができる。

3 都道府県知事は、前２項の規定の施行に必要な限度において、第13条第１項

若しくは第16条第2項の規定により登録がその効力を失い、又は第19条第1項の規定により登録を取り消された者に対し、飼養施設の状況、その飼養若しくは保管をする動物の管理の方法その他必要な事項に関し報告を求め、又はその職員に、当該者の飼養施設を設置する場所その他関係のある場所に立ち入り、飼養施設その他の物件を検査させることができる。

4　前条第2項及び第3項の規定は、前項の規定による立入検査について準用する。

第3節　第二種動物取扱業者

（第二種動物取扱業の届出）

第24条の2の2　飼養施設（環境省令で定めるものに限る。以下この節において同じ。）を設置して動物の取扱業（動物の譲渡し、保管、貸出し、訓練、展示その他第十条第一項の政令で定める取扱いに類する取扱いとして環境省令で定めるもの（以下この条において「その他の取扱い」という。）を業として行うことをいう。以下この条及び第37条の2第2項第1号において「第二種動物取扱業」という。）を行おうとする者（第10条第1項の登録を受けるべき者及びその取り扱おうとする動物の数が環境省令で定める数に満たない者を除く。）は、第25条の規定に基づき同条第1項に規定する都道府県等が犬又は猫の取扱いを行う場合その他環境省令で定める場合を除き、飼養施設を設置する場所ごとに、環境省令で定めるところにより、環境省令で定める書類を添えて、次の事項を都道府県知事に届け出なければならない。

一　氏名又は名称及び住所並びに法人にあつては代表者の氏名

二　飼養施設の所在地

三　その行おうとする第二種動物取扱業の種別（譲渡し、保管、貸出し、訓練、展示又はその他の取扱いの別をいう。以下この号において同じ。）並びにその種別に応じた事業の内容及び実施の方法

四　主として取り扱う動物の種類及び数

五　飼養施設の構造及び規模

六　飼養施設の管理の方法

七　その他環境省令で定める事項

（変更の届出）

第24条の3　前条の規定による届出をした者（以下「第二種動物取扱業者」という。）は、同条第3号から第7号までに掲げる事項の変更をしようとするときは、環境省令で定めるところにより、その旨を都道府県知事に届け出なければ

ならない。ただし、その変更が環境省令で定める軽微なものであるときは、この限りでない。

2　第二種動物取扱業者は、前条第1号若しくは第2号に掲げる事項に変更があつたとき、又は届出に係る飼養施設の使用を廃止したときは、その日から30日以内に、その旨を都道府県知事に届け出なければならない。

（準用規定）

第24条の4　第16条第1項（第5号に係る部分を除く。）、第20条、第21条、第23条（第2項を除く。）及び第24条の規定は、第二種動物取扱業者について準用する。この場合において、第20条中「第10条から前条まで」とあるのは「第24条の2の2、第24条の3及び第24条の4第1項において準用する第16条第1項（第5号に係る部分を除く。）」と、「登録」とあるのは「届出」と、第23条第1項中「第21条第1項又は第2項」とあるのは「第24条の4第1項において準用する第21条第1項又は第2項」と、同条第3項中「前2項」とあるのは「第1項」と、同条第4項中「第1項又は第2項」とあるのは「第1項」と、同条第5項中「第1項、第2項及び前項」とあるのは「第1項及び前項」と、第24条第1項中「第10条から第19条まで及び第21条から前条まで」とあるのは「第24条の2の2、第24条の3並びに第24条の4第1項において準用する第16条第1項（第5号に係る部分を除く。）、第21条及び第23条（第2項を除く。）」と、「事業所」とあるのは「飼養施設を設置する場所」と読み替えるものとするほか、必要な技術的読替えは、政令で定める。

2　前項に規定するもののほか、犬猫等の譲渡しを業として行う第二種動物取扱業者については、第21条の5第1項の規定を準用する。この場合において、同項中「所有し、又は占有する」とあるのは「所有する」と、「所有し、若しくは占有した」とあるのは「所有した」と、「販売若しくは引渡し」とあるのは「譲渡し」と読み替えるものとする。

第4節　周辺の生活環境の保全等に係る措置

第25条　都道府県知事は、動物の飼養、保管又は給餌若しくは給水に起因した騒音又は悪臭の発生、動物の毛の飛散、多数の昆虫の発生等によつて周辺の生活環境が損なわれている事態として環境省令で定める事態が生じていると認めるときは、当該事態を生じさせている者に対し、必要な指導又は助言をすることができる。

2　都道府県知事は、前項の環境省令で定める事態が生じていると認めるときは、当該事態を生じさせている者に対し、期限を定めて、その事態を除去するため

に必要な措置をとるべきことを勧告することができる。

3 都道府県知事は、前項の規定による勧告を受けた者がその勧告に係る措置をとらなかつた場合において、特に必要があると認めるときは、その者に対し、期限を定めて、その勧告に係る措置をとるべきことを命ずることができる。

4 都道府県知事は、動物の飼養又は保管が適正でないことに起因して動物が衰弱する等の虐待を受けるおそれがある事態として環境省令で定める事態が生じていると認めるときは、当該事態を生じさせている者に対し、期限を定めて、当該事態を改善するために必要な措置をとるべきことを命じ、又は勧告することができる。

5 都道府県知事は、前三項の規定の施行に必要な限度において、動物の飼養又は保管をしている者に対し、飼養若しくは保管の状況その他必要な事項に関し報告を求め、又はその職員に、当該動物の飼養若しくは保管をしている者の動物の飼養若しくは保管に関係のある場所に立ち入り、飼養施設その他の物件を検査させることができる。

6 第24条第2項及び第3項の規定は、前項の規定による立入検査について準用する。

7 都道府県知事は、市町村（特別区を含む。）の長（指定都市の長を除く。）に対し、第2項から第5項までの規定による勧告、命令、報告の徴収又は立入検査に関し、必要な協力を求めることができる。

第5節 動物による人の生命等に対する侵害を防止するための措置

（特定動物の飼養及び保管の禁止）

第25条の2 人の生命、身体又は財産に害を加えるおそれがある動物として政令で定める動物（その動物が交雑することにより生じた動物を含む。以下「特定動物」という。）は、飼養又は保管をしてはならない。ただし、次条第1項の許可（第28条第1項の規定による変更の許可があつたときは、その変更後のもの）を受けてその許可に係る飼養又は保管をする場合、診療施設（獣医療法（平成4年法律第46号）第2条第2項に規定する診療施設をいう。）において獣医師が診療のために特定動物の飼養又は保管をする場合その他の環境省令で定める場合は、この限りでない。

（特定動物の飼養又は保管の許可）

第26条 動物園その他これに類する施設における展示その他の環境省令で定める目的で特定動物の飼養又は保管を行おうとする者は、環境省令で定めるところにより、特定動物の種類ごとに、特定動物の飼養又は保管のための施設（以下この節において「特定飼養施設」という。）の所在地を管轄する都道府県知事

の許可を受けなければならない。

2　前項の許可を受けようとする者は、環境省令で定めるところにより、次に掲げる事項を記載した申請書に環境省令で定める書類を添えて、これを都道府県知事に提出しなければならない。

　一　氏名又は名称及び住所並びに法人にあつては代表者の氏名

　二　特定動物の種類及び数

　三　飼養又は保管の目的

　四　特定飼養施設の所在地

　五　特定飼養施設の構造及び規模

　六　特定動物の飼養又は保管の方法

　七　特定動物の飼養又は保管が困難になつた場合における措置に関する事項

　八　その他環境省令で定める事項

（許可の基準）

第27条　都道府県知事は、前条第1項の許可の申請が次の各号に適合していると認めるときでなければ、同項の許可をしてはならない。

　一　飼養又は保管の目的が前条第1項に規定する目的に適合するものであること。

　二　その申請に係る前条第2項第5号から第7号までに掲げる事項が、特定動物の性質に応じて環境省令で定める特定飼養施設の構造及び規模、特定動物の飼養又は保管の方法並びに特定動物の飼養又は保管が困難になつた場合における措置に関する基準に適合するものであること。

　三　申請者が次のいずれにも該当しないこと。

　　イ　この法律又はこの法律に基づく処分に違反して罰金以上の刑に処せられ、その執行を終わり、又は執行を受けることがなくなつた日から2年を経過しない者

　　ロ　第29条の規定により許可を取り消され、その処分のあつた日から2年を経過しない者

　　ハ　法人であつて、その役員のうちにイ又はロのいずれかに該当する者があるもの

2　都道府県知事は、前条第1項の許可をする場合において、特定動物による人の生命、身体又は財産に対する侵害の防止のため必要があると認めるときは、その必要の限度において、その許可に条件を付することができる。

（変更の許可等）

第28条　第26条第1項の許可（この項の規定による許可を含む。）を受けた者

（以下「特定動物飼養者」という。）は、同条第２項第２号から第７号までに掲げる事項を変更しようとするときは、環境省令で定めるところにより都道府県知事の許可を受けなければならない。ただし、その変更が環境省令で定める軽微なものであるときは、この限りでない。

2　前条の規定は、前項の許可について準用する。

3　特定動物飼養者は、第１項ただし書の環境省令で定める軽微な変更があつたとき、又は第26条第２項第１号に掲げる事項その他環境省令で定める事項に変更があつたときは、その日から30日以内に、その旨を都道府県知事に届け出なければならない。

（許可の取消し）

第29条　都道府県知事は、特定動物飼養者が次の各号のいずれかに該当するときは、その許可を取り消すことができる。

一　不正の手段により特定動物飼養者の許可を受けたとき。

一の二　飼養又は保管の目的が第26条第１項に規定する目的に適合するものでなくなつたとき。

二　その者の特定飼養施設の構造及び規模並びに特定動物の飼養又は保管の方法が第27条第１項第２号に規定する基準に適合しなくなつたとき。

三　第27条第１項第３号ハに該当することとなつたとき。

四　この法律若しくはこの法律に基づく命令又はこの法律に基づく処分に違反したとき。

（環境省令への委任）

第30条　第26条から前条までに定めるもののほか、特定動物の飼養又は保管の許可に関し必要な事項については、環境省令で定める。

（飼養又は保管の方法）

第31条　特定動物飼養者は、その許可に係る飼養又は保管をするには、当該特定動物に係る特定飼養施設の点検を定期的に行うこと、当該特定動物についてその許可を受けていることを明らかにすることその他の環境省令で定める方法によらなければならない。

（特定動物飼養者に対する措置命令等）

第32条　都道府県知事は、特定動物飼養者が前条の規定に違反し、又は第27条第２項（第28条第２項において準用する場合を含む。）の規定により付された条件に違反した場合において、特定動物による人の生命、身体又は財産に対する侵害の防止のため必要があると認めるときは、当該特定動物に係る飼養又は保管の方法の改善その他の必要な措置をとるべきことを命ずることができる。

（報告及び検査）

第33条　都道府県知事は、第26条から第29条まで及び前２条の規定の施行に必要な限度において、特定動物飼養者に対し、特定飼養施設の状況、特定動物の飼養又は保管の方法その他必要な事項に関し報告を求め、又はその職員に、当該特定動物飼養者の特定飼養施設を設置する場所その他関係のある場所に立ち入り、特定飼養施設その他の物件を検査させることができる。

２　第24条第２項及び第３項の規定は、前項の規定による立入検査について準用する。

第34条　削除

第４章　都道府県等の措置等

（犬及び猫の引取り）

第35条　都道府県等（都道府県及び指定都市、地方自治法第252条の22第１項の中核市（以下「中核市」という。）その他政令で定める市（特別区を含む。以下同じ。）をいう。以下同じ。）は、犬又は猫の引取りをその所有者から求められたときは、これを引き取らなければならない。ただし、犬猫等販売業者から引取りを求められた場合その他の第７条第４項の規定の趣旨に照らして引取りを求める相当の事由がないと認められる場合として環境省令で定める場合には、その引取りを拒否することができる。

２　前項本文の規定により都道府県等が犬又は猫を引き取る場合には、都道府県知事等（都道府県等の長をいう。以下同じ。）は、その犬又は猫を引き取るべき場所を指定することができる。

３　前２項の規定は、都道府県等が所有者の判明しない犬又は猫の引取りをその拾得者その他の者から求められた場合に準用する。この場合において、第１項ただし書中「犬猫等販売業者から引取りを求められた場合その他の第７条第４項の規定の趣旨に照らして」とあるのは、「周辺の生活環境が損なわれる事態が生ずるおそれがないと認められる場合その他の」と読み替えるものとする。

４　都道府県知事等は、第１項本文（前項において準用する場合を含む。次項、第７項及び第８項において同じ。）の規定により引取りを行つた犬又は猫について、殺処分がなくなることを目指して、所有者がいると推測されるものについてはその所有者を発見し、当該所有者に返還するよう努めるとともに、所有者がいないと推測されるもの、所有者から引取りを求められたもの又は所有者の発見ができないものについてはその飼養を希望する者を募集し、当該希望する者に譲り渡すよう努めるものとする。

5　都道府県知事は、市町村（特別区を含む。）の長（指定都市、中核市及び第1項の政令で定める市の長を除く。）に対し、第1項本文の規定による犬又は猫の引取りに関し、必要な協力を求めることができる。

6　都道府県知事等は、動物の愛護を目的とする団体その他の者に犬及び猫の引取り又は譲渡しを委託することができる。

7　環境大臣は、関係行政機関の長と協議して、第1項本文の規定により引き取る場合の措置に関し必要な事項を定めることができる。

8　国は、都道府県等に対し、予算の範囲内において、政令で定めるところにより、第一項本文の引取りに関し、費用の一部を補助することができる。

（負傷動物等の発見者の通報措置）

第36条　道路、公園、広場その他の公共の場所において、疾病にかかり、若しくは負傷した犬、猫等の動物又は犬、猫等の動物の死体を発見した者は、速やかに、その所有者が判明しているときは所有者に、その所有者が判明しないときは都道府県知事等に通報するように努めなければならない。

2　都道府県等は、前項の規定による通報があつたときは、その動物又はその動物の死体を収容しなければならない。

3　前条第7項の規定は、前項の規定により動物を収容する場合に準用する。

（犬及び猫の繁殖制限）

第37条　犬又は猫の所有者は、これらの動物がみだりに繁殖してこれに適正な飼養を受ける機会を与えることが困難となるようなおそれがあると認める場合には、その繁殖を防止するため、生殖を不能にする手術その他の措置を講じなければならない。

2　都道府県等は、第35条第1項本文の規定による犬又は猫の引取り等に際して、前項に規定する措置が適切になされるよう、必要な指導及び助言を行うように努めなければならない。

第4章の2　動物愛護管理センター等

（動物愛護管理センター）

第37条の2　都道府県等は、動物の愛護及び管理に関する事務を所掌する部局又は当該都道府県等が設置する施設において、当該部局又は施設が動物愛護管理センターとしての機能を果たすようにするものとする。

2　動物愛護管理センターは、次に掲げる業務（中核市及び第35条第1項の政令で定める市にあつては、第4号から第6号までに掲げる業務に限る。）を行うものとする。

　一　第一種動物取扱業の登録、第二種動物取扱業の届出並びに第一種動物取扱業及び第二種動物取扱業の監督に関すること。

　二　動物の飼養又は保管をする者に対する指導、助言、勧告、命令、報告の徴収及び立入検査に関すること。

　三　特定動物の飼養又は保管の許可及び監督に関すること。

　四　犬及び猫の引取り、譲渡し等に関すること。

　五　動物の愛護及び管理に関する広報その他の啓発活動を行うこと。

　六　その他動物の愛護及び適正な飼養のために必要な業務を行うこと。

（動物愛護管理担当職員）

第37条の3　都道府県等は、条例で定めるところにより、動物の愛護及び管理に関する事務を行わせるため、動物愛護管理員等の職名を有する職員（次項及び第3項並びに第41条の4において「動物愛護管理担当職員」という。）を置く。

2　指定都市、中核市及び第35条第1項の政令で定める市以外の市町村（特別区を含む。）は、条例で定めるところにより、動物の愛護及び管理に関する事務を行わせるため、動物愛護管理担当職員を置くよう努めるものとする。

3　動物愛護管理担当職員は、その地方公共団体の職員であつて獣医師等動物の適正な飼養及び保管に関し専門的な知識を有するものをもつて充てる。

（動物愛護推進員）

第38条　都道府県知事等は、地域における犬、猫等の動物の愛護の推進に熱意と識見を有する者のうちから、動物愛護推進員を委嘱するよう努めるものとする。

2　動物愛護推進員は、次に掲げる活動を行う。

　一　犬、猫等の動物の愛護と適正な飼養の重要性について住民の理解を深めること。

　二　住民に対し、その求めに応じて、犬、猫等の動物がみだりに繁殖することを防止するための生殖を不能にする手術その他の措置に関する必要な助言をすること。

　三　犬、猫等の動物の所有者等に対し、その求めに応じて、これらの動物に適正な飼養を受ける機会を与えるために譲渡のあつせんその他の必要な支援をすること。

　四　犬、猫等の動物の愛護と適正な飼養の推進のために国又は都道府県等が行う施策に必要な協力をすること。

　五　災害時において、国又は都道府県等が行う犬、猫等の動物の避難、保護等に関する施策に必要な協力をすること。

（協議会）

第39条　都道府県等、動物の愛護を目的とする一般社団法人又は一般財団法人、獣医師の団体その他の動物の愛護と適正な飼養について普及啓発を行つている団体等は、当該都道府県等における動物愛護推進員の委嘱の推進、動物愛護推進員の活動に対する支援等に関し必要な協議を行うための協議会を組織することができる。

第5章　雑則

（動物を殺す場合の方法）

第40条　動物を殺さなければならない場合には、できる限りその動物に苦痛を与えない方法によつてしなければならない。

2　環境大臣は、関係行政機関の長と協議して、前項の方法に関し必要な事項を定めることができる。

3　前項の必要な事項を定めるに当たつては、第1項の方法についての国際的動向に十分配慮するよう努めなければならない。

（動物を科学上の利用に供する場合の方法、事後措置等）

第41条　動物を教育、試験研究又は生物学的製剤の製造の用その他の科学上の利用に供する場合には、科学上の利用の目的を達することができる範囲において、できる限り動物を供する方法に代わり得るものを利用すること、できる限りその利用に供される動物の数を少なくすること等により動物を適切に利用することに配慮するものとする。

2　動物を科学上の利用に供する場合には、その利用に必要な限度において、できる限りその動物に苦痛を与えない方法によつてしなければならない。

3　動物が科学上の利用に供された後において回復の見込みのない状態に陥つている場合には、その科学上の利用に供した者は、直ちに、できる限り苦痛を与えない方法によつてその動物を処分しなければならない。

4　環境大臣は、関係行政機関の長と協議して、第2項の方法及び前項の措置に関しよるべき基準を定めることができる。

（獣医師による通報）

第41条の2　獣医師は、その業務を行うに当たり、みだりに殺されたと思われる動物の死体又はみだりに傷つけられ、若しくは虐待を受けたと思われる動物を発見したときは、遅滞なく、都道府県知事その他の関係機関に通報しなければならない。

（表彰）

第41条の3　環境大臣は、動物の愛護及び適正な管理の推進に関し特に顕著な功績があると認められる者に対し、表彰を行うことができる。

（地方公共団体への情報提供等）

第41条の4　国は、動物の愛護及び管理に関する施策の適切かつ円滑な実施に資するよう、動物愛護管理担当職員の設置、動物愛護管理担当職員に対する動物の愛護及び管理に関する研修の実施、動物の愛護及び管理に関する業務を担当する地方公共団体の部局と畜産、公衆衛生又は福祉に関する業務を担当する地方公共団体の部局、都道府県警察及び民間団体との連携の強化、動物愛護推進員の委嘱及び資質の向上に資する研修の実施、地域における犬、猫等の動物の適切な管理等に関し、地方公共団体に対する情報の提供、技術的な助言その他の必要な施策を講ずるよう努めるものとする。

（地方公共団体に対する財政上の措置）

第41条の5　国は、第35条第8項に定めるもののほか、地方公共団体が動物の愛護及び適正な飼養の推進に関する施策を策定し、及び実施するための費用について、必要な財政上の措置その他の措置を講ずるよう努めるものとする。

（経過措置）

第42条　この法律の規定に基づき命令を制定し、又は改廃する場合においては、その命令で、その制定又は改廃に伴い合理的に必要と判断される範囲内において、所要の経過措置（罰則に関する経過措置を含む。）を定めることができる。

（審議会の意見の聴取）

第43条　環境大臣は、基本指針の策定、第7条第7項、第12条第1項、第21条第1項（第24条の4第1項において準用する場合を含む。）、第27条第1項第2号若しくは第41条第4項の基準の設定、第25条第1項若しくは第4項の事態の設定又は第35条第7項（第36条第3項において準用する場合を含む。）若しくは第40条第2項の定めをしようとするときは、中央環境審議会の意見を聴かなければならない。これらの基本指針、基準、事態又は定めを変更し、又は廃止しようとするときも、同様とする。

第6章　罰則

第44条　愛護動物をみだりに殺し、又は傷つけた者は、5年以下の懲役又は500万円以下の罰金に処する。

2　愛護動物に対し、みだりに、その身体に外傷が生ずるおそれのある暴行を加え、又はそのおそれのある行為をさせること、みだりに、給餌若しくは給水を

やめ、酷使し、その健康及び安全を保持することが困難な場所に拘束し、又は飼養密度が著しく適正を欠いた状態で愛護動物を飼養し若しくは保管することにより衰弱させること、自己の飼養し、又は保管する愛護動物であつて疾病にかかり、又は負傷したものの適切な保護を行わないこと、排せつ物の堆積した施設又は他の愛護動物の死体が放置された施設であつて自己の管理するものにおいて飼養し、又は保管することその他の虐待を行つた者は、1年以下の懲役又は100万円以下の罰金に処する。

3　愛護動物を遺棄した者は、1年以下の懲役又は100万円以下の罰金に処する。

4　前3項において「愛護動物」とは、次の各号に掲げる動物をいう。

一　牛、馬、豚、めん羊、山羊、犬、猫、いえうさぎ、鶏、いえばと及びあひる

二　前号に掲げるものを除くほか、人が占有している動物で哺乳類、鳥類又は爬虫類に属するもの

第45条　次の各号のいずれかに該当する者は、6月以下の懲役又は100万円以下の罰金に処する。

一　第25五条の2の規定に違反して特定動物を飼養し、又は保管した者

二　不正の手段によつて第26条第1項の許可を受けた者

三　第28条第1項の規定に違反して第26条第2項第2号から第7号までに掲げる事項を変更した者

第46条　次の各号のいずれかに該当する者は、100万円以下の罰金に処する。

一　第10条第1項の規定に違反して登録を受けないで第一種動物取扱業を営んだ者

二　不正の手段によつて第10条第1項の登録（第13条第1項の登録の更新を含む。）を受けた者

三　第19条第1項の規定による業務の停止の命令に違反した者

四　第23条第4項、第24条の2第2項又は第23条の規定による命令に違反した者

第46条の2　第25条第3項又は第4項の規定による命令に違反した者は、50万円以下の罰金に処する。

第47条　次の各号のいずれかに該当する者は、30万円以下の罰金に処する。

一　第14条第1項から第3項まで、第24条の2の2、第24条の3第1項又は第28条第3項の規定による届出をせず、又は虚偽の届出をした者

二　第22条の6の規定による命令に違反して、検案書又は死亡診断書を提出しなかつた者

三　第24条第1項（第24条の4第1項において読み替えて準用する場合を含む。）、第24条の2第3項若しくは第33条第1項の規定による報告をせず、若しくは虚偽の報告をし、又はこれらの規定による検査を拒み、妨げ、若しくは忌避した者

四　第24条の4第1項において読み替えて準用する第23条第4項の規定による命令に違反した者

第47条の2　第25条第5項の規定による報告をせず、若しくは虚偽の報告をし、又は同項の規定による検査を拒み、妨げ、若しくは忌避した者は、20万円以下の罰金に処する。

第48条　法人の代表者又は法人若しくは人の代理人、使用人その他の従業者が、その法人又は人の業務に関し、次の各号に掲げる規定の違反行為をしたときは、行為者を罰するほか、その法人に対して当該各号に定める罰金刑を、その人に対して各本条の罰金刑を科する。

一　第45条　5000万円以下の罰金刑

二　第44条又は第46条から前条まで　各本条の罰金刑

第49条　次の各号のいずれかに該当する者は、20万円以下の過料に処する。

一　第16条第1項（第24条の4第1項において準用する場合を含む。）、第21条の5第2項又は第24条の3第2項の規定による届出をせず、又は虚偽の届出をした者

二　第21条の5第1項（第24条の4第2項において読み替えて準用する場合を含む。）の規定に違反して、帳簿を備えず、帳簿に記載せず、若しくは虚偽の記載をし、又は帳簿を保存しなかつた者

第50条　第18条の規定による標識を掲げない者は、10万円以下の過料に処する。

> **資料③　犬猫の殺処分ゼロをめざす動物愛護議員連盟「第一種動物取扱業者における犬猫の飼養管理基準に関する要望書」**

環境大臣　小泉　進次郎　殿

　平素は環境行政に並々ならぬ御尽力を賜り、厚く御礼申し上げます。

　私たち超党派議連「犬猫の殺処分ゼロをめざす動物愛護議員連盟」（会長：尾辻秀久参議院議員）は、「動物の愛護及び管理に関する法律（動物愛護法）」（昭和48 年法律第105 号）の改正に向けた議論を 2 年以上かけて行い、昨年 6 月に当議連において改正案を取りまとめ、全会一致の議員立法による改正を実現しました。現在は、環境省において政省令等の改正に向けた議論を行っている段階です。

　法改正に際しては、ブリーダーやペットショップに代表される第一種動物取扱業者（以下「業者」という。）における不適正飼養が後を絶たないことに鑑みて、動物愛護法第21 条第 2 項で業者が遵守すべき動物の飼養管理基準（以下「基準」という。）の項目を掲げ、第 3 項で基準が「できる限り具体的なものでなければならない」旨、明記したところです。

　基準の在り方については、昨年 8 月 6 日に尾辻会長から原田義昭環境大臣（当時）に対し、当議連が望ましいと考える基準の在り方について環境省に対して積極的に提案する旨申し入れたところです。その後、当議連の「動物愛護法プロジェクトチーム（PT）」において国内の有識者やブリーダー等へのヒアリングを行い、海外の法制度を勉強しつつ、半年にわたり議論を重ねてまいりました。

　今般、当議連の総意により、犬及び猫に関する基準案を別紙のとおり取りまとめましたので、ここに要望書として提出いたします。重点的な要望項目を**太字**、現行の「第一種動物取扱業者が遵守すべき動物の管理の方法等の細目」（平成18 年 1 月20 日環境省告示第20号）の項目のうち環境省令への引上げを求める項目を【省令】と示しました。いずれも海外の法制度にあるか、獣医師等から要望が出されている既知の項目であり、これらが実現すれば、業者における動物の福祉に則った動物の適正な取扱いが期待されるのみならず、具体的な数値基準等を盛り込むことによって業者への指導監視に従事する自治体職員の負担軽減に資するものとなると確信しております。

　大臣におかれましては、改正動物愛護法に込められた立法者意思を着実に実施するために、当議連において取りまとめた本要望書の趣旨を十分に尊重し、環境省における省令等の改正作業に際して適切に反映していただけることを切に願っ

ております。

2020年4月3日

犬猫の殺処分ゼロをめざす動物愛護議員連盟

会長　尾辻　秀久

動物愛護法プロジェクトチーム座長　牧原　秀樹

1　犬の飼養管理基準案

《重点的な要望項目》

大項目	小項目	定量／定性	具体的な数値等	参考にした規定等	法21条2項対応箇所
飼養施設	ケージの大きさ	定量	【体高から導き出す場合】 犬の体高／1頭／1頭追加するごとに追加する面積 25cm未満／2㎡／1㎡ 25〜35cm／2㎡／1㎡ 36〜45cm／2.5㎡／2㎡ 46〜55cm／3.5㎡／2㎡ 56〜65cm／4.5㎡／3㎡ 65cm以上／5.5㎡／3㎡ （※いずれも最低面積。異なる大きさの犬が同一のケージで飼養されている場合、ケージの大きさは大きな方の犬の大きさとして算出する。）	スウェーデン犬猫庁令2章24条	1号
		定量	【ケージ内に必要な設備から導き出す場合】（※備考参照） 1日の大半の時間をケージの中で過ごす場合、ケージ内のトイレ、寝床並びに餌場及び水場をそれぞれ最低50cm離して設置し、活動場所の面積も犬の体長の1.5倍四方以上確保すること。 （※小型犬で2㎡、中型犬で3.5㎡、大型犬で6.5㎡と試算）	日獣・田中助教連絡会	1号
	ケージの高さ	定性	ケージの高さは、犬が肢を床面に置いて楽に直立できる高さであり、後肢で立ち上がった犬の前肢の先端が上端に届かない高さとしなければならないこと。	ドイツ犬の保護に関する規則6条2項米国実験動物の管理と使用に関する指針	1号
	床材	定性	床は平板、穴の開いた床材又は滑りにくい表面の格子又はスノコを用いて作製すること。ただし、やむを得ず金網床を用いる場合は、平板の休息場所を設けること。	米国実験動物の管理と使用に関する指針連絡会	1号

資料③　第一種動物取扱業者における犬猫の飼養管理基準に関する要望書

項目		定量／定性	具体的な数値等	参考にした規定等	法21条2項対応箇所
大項目	小項目				
	トイレ	定量	排泄場所の面積は、体長の1.5倍四方以上の大きさとすること。	連絡会	1号
寝床	寝床の構造	定性	寝床は乾いて清潔で、柔らかな床面を有していなければならないこと。	スウェーデン犬猫庁令1章12条連絡会	1号
		定性	寝床及び休息場所は室内にあり、活動場所と分かれていること。	連絡会	1号
寝床	寝床の構造	定量	寝床の大きさは四肢で立ったときに頭が天井につかず、横になったときに肢を伸ばせて方向転換ができること。 ・長さ：体長×1.5以上 ・幅：体高×1.3以上	連絡会	1号
集団飼養	集団飼養	定性	1歳未満の犬については、その犬の健全な育成及び社会化を推進するため、複数頭で飼養すること。	日獣・田中助教	1号
		定量	人間の居住用ではない室内で犬の飼育が許されるのは、1頭当たりの使用可能な床面積がケージの大きさの60％を確保できている場合に限られること。また、頭数分のトイレ、寝床及び餌場を設置すること。	ドイツ犬の保護に関する規則5条2項	1号
従業員	飼養可能頭数	定量	犬を繁殖する者は、15頭までの繁殖犬ごとに職員1人を配置しなければならないこと。	ドイツ犬の保護に関する規則3条英国ガイドライン	2号
		定量	犬を販売若しくは保管する者は、20頭までの犬ごとに職員1人を配置しなければならないこと。	英国ガイドライン連絡会	2号
飼養環境	採光	定性	屋内施設においては、自然採光が確保されていること。	ドイツ犬の保護に関する規則5条1項スウェーデン動物保護令2章14条1項	3号
	空調・換気	定量	アンモニアの濃度は2ppm以下であること。ただし、やむを得ない場合には、連続して3ppmを超えないこと。（※悪臭防止法に基づく敷地境界における規制基準は2ppm）	日獣・田中助教連絡会スウェーデン犬猫庁令1章6条2項	3号
		定量	屋内施設で飼養する場合の寝床の温度は15度〜29度、湿度は30〜70％となること。	英国ガイドライン米国実験動物の管理と使用に関する指針日獣・田中助教連絡会	3号

209

項目		定量／定性	具体的な数値等	参考にした規定等	法21条2項対応箇所
大項目	小項目				
	温度・湿度	定量	生後10日間は、産室内に局部暖房を追加して提供しなければならないこと。産室は摂氏26度以上28度以下に保たれ、妊娠中及び授乳中の雌犬が暖房地点から離れることのできる場所を設けること。	英国ガイドラインスウェーデン犬猫庁令2章6条PTに出席した某ブリーダー	3号
給餌給水	給餌給水	定量	飼養者は犬の種類及び健康状態を考慮し、少なくとも1日に1回、各個体の栄養学的要件を満たし、汚染されていない、常に十分な量及び質の水及び餌を提供しなければならないこと。	スウェーデン動物保護法2章4条2項ドイツ犬の保護に関する規則8条1項英国動物福祉規則米国実験動物の管理と使用に関する指針連絡会	3号
散歩・運動	散歩・運動	定量	病気の犬や衛生上の理由から一時的に隔離された犬を除き、健康であり運動が可能な成犬は犬種に応じて少なくとも1日に2回、リードに繋いで散歩を最低20分以上行うこと。ケージ内に運動場が設けられている場合は、覚醒時間の50%以上、自由に運動場に出られる状態にしておくこと。	英国ガイドラインフランス・アレテスウェーデン犬猫庁令2章12条1項連絡会	3号
繁殖	繁殖回数	定量	雌犬の出産は1歳以上6歳まで、年1回までとすること。	英国動物福祉規則日大・津曲特任教授連絡会	6号
		定量	雌犬の出産は、生涯に6腹までとすること。	日大・津曲特任教授連絡会	6号
		定量	雌犬を発情周期ごとに連続して交配させないこと。	日大・津曲特任教授	6号
		定量	雌犬の帝王切開は3回までとすること。	スウェーデン犬猫庁令1章25条日大・津曲特任教授連絡会	6号
	繁殖方法	定性	親又は子に苦痛を生じさせるおそれがある方法で繁殖を行ってはならないこと。	スウェーデン動物保護法2章11条1項	6号
		定性	動物の自然な行動、通常の身体機能又は子を自然に産む能力に影響を与える繁殖を行ってはならないこと。	スウェーデン動物保護法2章11条2項	6号
		定性	遺伝性疾患を有する個体の交配、若しくは遺伝性疾患を発現し得る交配を行ってはならないこと。	スウェーデン犬猫庁令1章24条日大・津曲特任教授連絡会	6号

資料③　第一種動物取扱業者における犬猫の飼養管理基準に関する要望書

項目		定量／定性	具体的な数値等	参考にした規定等	法21条2項対応箇所
大項目	小項目				
繁殖	繁殖方法	定量	子犬は、特別な理由が存在しない限り、最も早い場合でも8週齢の時点まで、母犬から引き離してはならないこと。	スウェーデン犬猫庁令2章18条1項連絡会	6号
		定性	繁殖の際に、獣医師の出生証明書の交付を受けること。	日大・津曲特任教授	6号

《その他の要望項目》

項目		定量／定性	具体的な数値等	参考にした規定等	法21条2項対応箇所
大項目	小項目				
飼養施設	ケージの配置	定性	闘争を防止する必要がある場合には、1頭ごとに独立したケージで飼養すること。【省令】	PTに出席した某ブリーダー	1号
		定性	相互にケージを積み重ねないこと。	連絡会	1号
	ケージの構造	定性	飼養施設の場所及びケージの壁、床、天井、仕切り、扉等の内装は、安全かつ耐久性のある素材で作られ、傷害、疾病及び脱走の危険がないように維持管理を行えるものであること。【省令】	英国動物福祉規則ドイツ犬の保護に関する規則6条3項連絡会	1号
繋留	繋留方法	定性	犬の繋留は、当該犬に苦痛を与えない方法でなされる場合に限り、かつ、当該犬の生態及び習性に即して必要な運動の自由及び休息が確保されている条件の下で、短時間で行われなければならないこと。	スウェーデン動物保護法2章5条1項	1号
寝床	寝床の構造	定性	寝床は、同一の空間で飼養される犬の数に適合しており、全ての犬が同時に利用可能でなければならないこと。	スウェーデン犬猫庁令1章11条連絡会	1号
		定量	全ての寝床の大きさは、立ったときに頭が天井につかえず、肢を伸ばせて方向転換ができること。【省令】	連絡会	1号
		定性	寝床は保温効果があり、健康に害を及ぼさない材料で作らなければならないこと。寝床内部には風雨が当たらず、日陰となること。	ドイツ犬の保護に関する規則4条1・2項連絡会	1号
		定量	寝床に継続的に収容する時間は覚醒時間の50％以下とすること。その他の時間帯は、自由に活動場所に出られる構造にすること。	連絡会	1号

資料

項目		定量／定性	具体的な数値等	参考にした規定等	法21条2項対応箇所
大項目	小項目				
従業員	飼養可能頭数	定性	立入検査により適切な世話ができていないと判断された場合は、職員1人当たりの飼育可能頭数を減らすことができること。	連絡会	2号
飼養環境	採光	定量	屋外の運動場と自由に出入りできない構造の飼養施設の場合、自然採光のための窓の面積は少なくとも床面積の8分の1を超えること。（※建築基準法では、マンションにおいては窓の面積が床面積の7分の1以上ないと「居室」とすることができない）	ドイツ犬の保護に関する規則5条1項	3号
		定性	照明は自然光にできる限り近付け、概日周期に従うこと。	連絡会	3号
		定性	屋内施設の照明は、施設内の動物に不快を与えないように配置、照明の強さ及び方向を調整しなければならないこと。【省令】	スウェーデン犬猫庁令1章7条2項	3号
	空調・換気	定量	換気は毎時1回行えるようにし、飼養に伴って発生する臭気が速やかに外に排出されること。（※換気扇が常時使用されていることが前提。建築基準法では1時間に少なくとも0.5回の換気が義務付けられている）	ドイツ犬の保護に関する規則5条1項米国実験動物の管理と使用に関する指針日獣・田中助教	3号
		定量	二酸化炭素の濃度は1,000ppm以下であること。（※大気中の濃度は410ppm、建築物衛生法の基準は1,000ppm）	スウェーデン犬猫庁令1章6条2項	3号
	温度・湿度	定性	温度管理ができる空調設備を設置すること。	連絡会	3号
	防音	定性	ドアは防音構造とすること。	日獣・田中助教連絡会	1号・3号
給餌給水	給餌給水	定性	食事及び水の容器は飼養頭数分用意し、毎日洗浄すること。	英国ガイドライン連絡会	3号
散歩・運動	社会化・エンリッチメント	定性	子犬の社会化期には、人や犬等との良い触れ合いと物への好奇心の刺激を十分に経験させ、恐怖や不安を与えないようにすること。	連絡会スウェーデン犬猫庁令1章17条	3号
		定性	犬の運動場では、安全かつ犬の負傷を増大させないエンリッチメントが行われなければならないこと。	スウェーデン犬猫庁令2章3条	3号
健康管理	健康管理・疾病の予防	定量	状態の確認は、少なくとも1日に2回以上行わなければならないこと。	スウェーデン犬猫庁令1章16条	4号
		定量	繁殖犬は、年に1回、獣医師による健康診断を受けさせること。	連絡会	4号

資料③ 第一種動物取扱業者における犬猫の飼養管理基準に関する要望書

項目		定量／定性	具体的な数値等	参考にした規定等	法21条2項対応箇所
大項目	小項目				
		定性	獣医学上困難と認められる場合を除き、施設への収容時には狂犬病予防注射その他の予防接種を行うこと。【省令】	日獣・田中助教連絡会	4号
健康管理	健康管理・疾病の予防	定性	ノミやダニ等の外部寄生虫や内部寄生虫の駆除及び定期的な予防をすること。【省令】	日獣・田中助教連絡会	4号
	疾病への対応	定性	病気や傷害の際には、直ちに獣医師の診察を受けること。【省令】	連絡会	4号
		定性	病気や負傷のため獣医師が必要と認めるときは、健康な個体から分離して飼養すること。	日獣・田中助教	4号
輸送	輸送	定性	動物の輸送は、目的に適した、かつ、それぞれの動物に暑熱及び寒冷並びに衝撃、擦過及びそれに類するものからの保護を与える輸送手段で行われなければならないこと。【省令】	スウェーデン動物保護法2章13条1項連絡会	5号
		定性	輸送される動物は、必要とされる範囲で、互いに隔てられなければならないこと。	スウェーデン動物保護法2章13条1項	5号
		定性	動物を輸送する者は、動物を監視し、積込、輸送及び荷下ろしの間に、動物に傷害を負わせ又は苦痛を与えないようにするために必要とされる措置を講じなければならないこと。【省令】	スウェーデン動物保護法2章13条2項連絡会	5号
		定性	動物の輸送は、できる限り短い時間と距離であること。【省令】	連絡会	5号
		定性	輸送が長くなる場合は、必要に応じて給餌給水、排便排尿、休憩の時間を与えること。【省令】	連絡会	5号
展示	展示方法	定性	動物に苦痛を与える方法で、競技又は試験、録音及び録画、公演又はその他の一般公衆に向けて行われる展示のために動物を調教し、又は使用してはならないこと。【省令】	スウェーデン動物保護法3章1条1項連絡会	5号
		定性	動物を闘わせないこと。	連絡会	5号
		定性	1歳未満の犬をふれあいに使用しないこと。	連絡会	5号
		定性	動物を展示させる場合には、事前にその動物種について十分な知識及び経験のある第三者の獣医師等の指示を仰ぐこと。	連絡会	5号
繁殖	繁殖方法	定性	繁殖を行わない場合は、遅滞なく不妊去勢手術を実施すること。	連絡会	6号

項目		定量／定性	具体的な数値等	参考にした規定等	法21条2項対応箇所
大項目	小項目				
	獣医師の関与	定性	獣医師により繁殖に適さないと判断された場合には、繁殖可能回数内であっても中止させること。	連絡会	6号
災害対応	災害対応	定性	飼養施設は、災害発生時に動物の救助が容易な構造であること。	スウェーデン犬猫庁令1章9条	7号
		定性	やむを得ず犬を置いて避難する場合は、犬が中にいることを施設の外側に掲示し、動物種等の必要な情報も記載すること。	連絡会	7号

2 猫の飼養管理基準

《重点的な要望項目》

項目		定量／定性	具体的な数値等	参考にした規定等	法21条2項対応箇所
大項目	小項目				
飼養施設	ケージの大きさ	定量	【同一ケージ内の頭数から導き出す場合】 表： 猫の頭数、週齢／最小面積／追加面積 4頭以上又は12週齢未満／1㎡／1頭ごとに0.25㎡ 1頭、12～26週齢／0.85㎡ 2頭、12～26週齢／1.5㎡ 3～4頭、12～26週齢／1.9㎡ （※いずれも最低面積。成猫1頭当たり0.85㎡、子猫1頭当たり0.25㎡）	英国ガイドライン	1号
		定量	【ケージ内に必要な設備から導き出す場合】 1日の大半の時間をケージの中で過ごす場合、ケージ内のトイレ、寝床並びに餌場及び水場をそれぞれ最低50cm離して設置し、かつ活動場所90cm×90cm＋隠れ場所＋猫トイレのスペースを確保すること。	英国ガイドライン日獣・田中助教連絡会スウェーデン犬猫庁令3章5条2項	1号
	ケージの高さ	定性	ケージは2段以上で、1つは寝場所、1つは運動場所とすること。	英国動物福祉規則連絡会	1号

資料③　第一種動物取扱業者における犬猫の飼養管理基準に関する要望書

項目		定量／定性	具体的な数値等	参考にした規定等	法21条2項対応箇所
大項目	小項目				
	床材	定性	床は平板、穴の開いた床材又は滑りにくい表面の格子又はスノコを用いて作製すること。ただし、やむを得ず金網床を用いる場合は、平板の休息場所を設けること。	米国実験動物の管理と使用に関する指針連絡会	1号
	猫トイレ	定性	清潔で汚染されていない猫トイレ及び猫砂を常に用意すること。	英国動物福祉規則スウェーデン犬猫庁令3章5条1項	1号
寝床	寝床の構造	定性	寝床は乾いて清潔で、柔らかな床面を有していなければならないこと。	スウェーデン犬猫庁令1章12条連絡会	1号
		定性	寝床及び休息場所は室内にあり、活動場所と分かれていること。	連絡会	1号
集団飼養	集団飼養	定性	1歳未満の猫については、その猫の健全な育成及び社会化を推進するため、複数頭で飼養すること。	日獣・田中助教	1号
		定量	2頭以上の猫を飼養する場合は、他の個体に触れずに横たわることができ、1頭当たり90cm×90cm×90cmの空間を確保すること。	連絡会	1号
従業員	飼養可能頭数	定量	猫25頭ごとに職員1人を配置しなければならないこと。	英国ガイドライン	2号
飼養環境	採光	定性	屋内施設においては、自然採光が確保されていること。	スウェーデン動物保護令2章14条1項連絡会	3号
	空調	定量	アンモニアの濃度は2ppm以下であること。ただし、やむを得ない場合には、連続して3ppmを超えないこと。（※悪臭防止法に基づく敷地境界における規制基準は2ppm）	日獣・田中助教連絡会スウェーデン犬猫庁令1章6条2項	3号
	温度・湿度	定量	寝床の温度は18度〜29度、湿度は30〜70%とすること。	英国ガイドライン米国実験動物の管理と使用に関する指針日獣・田中助教連絡会	3号
給餌給水	給餌給水	定量	飼養者は猫の種類及び健康状態を考慮し、少なくとも1日に1回、各個体の栄養学的要件を満たし、汚染されていない、常に十分な量及び質の水及び餌を提供しなければならないこと。	スウェーデン動物保護法2章4条2項英国動物福祉規則米国実験動物の管理と使用に関する指針連絡会	3号
運動	運動	定性	病気の猫や衛生上の理由から一時的に隔離された猫を除き、ケージで飼養されている猫は、毎日、屋内の広い空間で運動させなければならないこと。	スウェーデン犬猫庁令3章2条助言連絡会	3号

資料

項目		定量/定性	具体的な数値等	参考にした規定等	法21条2項対応箇所
大項目	小項目				
繁殖	繁殖回数	定量	雌猫の出産は1歳以上6歳まで、2年間に3回以内とすること。	フランス・アレテ日大・津曲特任教授連絡会	6号
		定量	雌猫の出産は、生涯に6腹までとすること。	日大・津曲特任教授	6号
		定量	雌猫の帝王切開は3回までとすること。	スウェーデン犬猫庁令1章25条日大・津曲特任教授	6号
	繁殖の方法	定性	親又は子に苦痛を生じさせるおそれがある方法で繁殖を行ってはならないこと。	スウェーデン動物保護法2章11条1項	6号
繁殖	繁殖の方法	定性	動物の自然な行動、通常の身体機能又は子を自然に産む能力に影響を与える繁殖を行ってはならないこと。	スウェーデン動物保護法2章11条2項	6号
		定性	遺伝性疾患を有する個体の交配、若しくは遺伝性疾患を発現し得る交配を行ってはならないこと。	スウェーデン犬猫庁令1章24条日大・津曲特任教授連絡会	6号
		定量	生後8週間は母子・兄弟姉妹とともに飼養すること。	連絡会	6号
	獣医師の関与	定性	繁殖の際に、獣医師の出生証明書の交付を受けること。	日大・津曲特任教授	6号

《その他の要望項目》

項目		定量/定性	具体的な数値等	参考にした規定等	法21条2項対応箇所
大項目	小項目				
飼養施設	ケージの高さ	定性	ケージの高さは、猫が立ち上がって天井に頭が接触しないこと。	連絡会	1号
	ケージの配置	定性	相互にケージを積み重ねないこと。	連絡会	1号
	ケージの構造	定性	飼養施設の場所及びケージの壁、床、天井、仕切り、扉等の内装は、安全かつ耐久性のある素材で作られ、傷害、疾病及び脱走の危険がないように維持管理を行えるものであること。【省令】	英国動物福祉規則連絡会	1号
	猫トイレ	定量	猫トイレは1頭につき1つを設置しなければならないこと。	スウェーデン犬猫庁令3章5条1項連絡会	1号
寝床	寝床の構造	定性	寝床は、同一の空間で飼養される猫の数に適合しており、全ての猫が同時に利用可能でなければならないこと。	スウェーデン犬猫庁令1章11条連絡会	1号

資料③　第一種動物取扱業者における犬猫の飼養管理基準に関する要望書

項目		定量／定性	具体的な数値等	参考にした規定等	法21条2項対応箇所
大項目	小項目				
集団飼養	集団飼養	定性	猫が自然な状態で座ったり、立ち上がったり、伸びをしたり、歩いたり、寝転んだりすることができ、振った尾や耳がケージ等の壁や天井に当たらない広さがあること。【省令】	連絡会	1号
繋留	繋留の禁止	定性	猫は繋留して飼養してはならないこと。	スウェーデン犬猫庁令3章7条	1号
従業員	飼養可能頭数	定性	立入検査により適切な世話ができていないと判断された場合は、職員1人当たりの飼育可能頭数を減らすことができること。	連絡会	2号
飼養環境	採光	定性	照明は自然光にできる限り近付け、概日周期に従うこと。	連絡会	3号
		定性	屋内施設の照明は、施設内の動物に不快を与えないように配置、照明の強さ及び方向を調整しなければならないこと。【省令】	スウェーデン犬猫庁令1章7条2項	3号
	空調	定量	換気は毎時1回行えるようにし、飼養に伴って発生する臭気が速やかに外に排出されること。（※換気扇が常時使用されていることが前提。建築基準法では1時間に少なくとも0.5回の換気が義務付けられている）	米国実験動物の管理と使用に関する指針日獣・田中助教連絡会スウェーデン犬猫庁令1章6条1項	3号
		定量	二酸化炭素の濃度は1,000ppm以下であること。（※大気中の濃度は410ppm、建築物衛生法の基準は1,000ppm）	スウェーデン犬猫庁令1章6条2項	3号
	温度・湿度	定性	温度管理ができる空調設備を設置すること。	連絡会	3号
	防音	定性	ドアは防音構造とすること。	日獣・田中助教連絡会	1号・3号
給餌給水	給餌給水	定性	食事及び水の容器は飼養頭数分用意し、毎日洗浄すること。	英国ガイドライン連絡会	3号
運動	社会化・エンリッチメント	定性	子猫の社会化期には、人や猫等との良い関わりと物への好奇心の刺激を十分に経験させ、恐怖や不安を与えないようにすること。	連絡会スウェーデン犬猫庁令1章17条	3号
		定量	1日に1回以上、人間とのふれあい等のエンリッチメントを行わなければならないこと。	英国ガイドライン	3号
		定性	エンリッチメントを行うために、飼養施設の中には爪とぎ用の道具、遊ぶための玩具又は猫が乗る高い棚を設置すること。	英国動物福祉規則スウェーデン犬猫庁令3章2条	3号

資料

項目（大項目）	項目（小項目）	定量／定性	具体的な数値等	参考にした規定等	法21条2項対応箇所
健康管理	健康管理・疾病の予防	定量	状態の確認は、少なくとも1日に2回以上行わなければならないこと。	スウェーデン犬猫庁令1章16条	4号
		定量	繁殖猫は、年に1回、獣医師による健康診断を受けさせること。	連絡会	4号
		定性	獣医学上困難と認められる場合を除き、施設への収容時には予防接種を行うこと。【省令】	日獣・田中助教連絡会	4号
健康管理	健康管理・疾病の予防	定性	ノミやダニ等の外部寄生虫や内部寄生虫の駆除及び定期的な予防を行うこと。【省令】	日獣・田中助教連絡会	4号
	疾病への対応	定性	病気や傷害の際には、直ちに獣医師の診察を受けること。【省令】	連絡会	4号
		定性	病気や負傷のため獣医師が必要と認めるときは、健康な個体から分離して飼養すること。	日獣・田中助教	1号
輸送	輸送	定性	動物の輸送は、目的に適した、かつ、それぞれの動物に暑熱及び寒冷並びに衝撃、擦過及びそれに類するものからの保護を与える輸送手段で行われなければならないこと。【省令】	スウェーデン動物保護法2章13条1項連絡会	5号
		定性	輸送される動物は、必要とされる範囲で、互いに隔てられなければならないこと。	スウェーデン動物保護法2章13条1項	5号
		定性	動物を輸送する者は、動物を監視し、積込、輸送及び荷下ろしの間に、動物に傷害を負わせ又は苦痛を与えないようにするために必要とされる措置を講じなければならないこと。【省令】	スウェーデン動物保護法2章13条2項連絡会	5号
		定性	動物の輸送は、できる限り短い時間と距離であること。【省令】	連絡会	5号
		定性	輸送が長くなる場合は、必要に応じて給餌給水、排便排尿、休憩の時間を与えること。【省令】	連絡会	5号
		定性	猫をケージから外に出す際には、適切なキャリーケースに入れて運ぶこと。	英国動物福祉規則	5号
展示	展示方法	定性	動物に苦痛を与える方法で、競技又は試験、録音及び録画、公演又はその他の一般公衆に向けて行われる展示のために動物を調教し、又は使用してはならないこと。【省令】	スウェーデン動物保護法3章1条1項連絡会	5号
		定性	動物を闘わせないこと。	連絡会	5号
		定量	1歳未満の猫をふれあいに使用しないこと。	連絡会	5号

資料③　第一種動物取扱業者における犬猫の飼養管理基準に関する要望書

項目		定量／定性	具体的な数値等	参考にした規定等	法21条2項対応箇所
大項目	小項目				
		定性	動物を展示させる場合には、事前にその動物種について十分な知識及び経験のある第三者の獣医師等の指示を仰ぐこと。	連絡会	5号
繁殖	繁殖の方法	定性	繁殖を行わない場合は、遅滞なく不妊去勢手術を実施すること。	連絡会	6号
	獣医師の関与	定性	獣医師により繁殖に適さないと判断された場合には、繁殖可能回数内であっても中止させること。	連絡会	6号
災害対応	災害対応	定性	飼養施設は、災害発生時に動物の救助が容易な構造であること。	スウェーデン犬猫庁令1章9条	7号
		定性	やむを得ず猫を置いて避難する場合は、猫が中にいることを施設の外側に掲示し、動物種等の必要な情報も記載すること。	連絡会	7号

【参考にした規定等の出所】

〈英国〉
- ・動物福祉規則（The Animal Welfare Regulations 2018）
- ・犬の福祉に関する実施規則（Code of Practice for the welfare of dogs）
- ・猫の福祉に関する実施規則（Code of Practice for the welfare of cats）

〈ドイツ〉
- ・犬の保護に関する規則（Tierschutz-Hundeverordnung 2001）

〈フランス〉
- ・家畜種のペットに関連する活動が満たさなければならない公衆衛生と動物保護の規則を定める2014年4月3日のアレテ

　（Annexes de l'arrêtédu 3 avril 2014, Code rural et de la pêche maritime 1980）

〈米国〉
- ・実験動物の管理と使用に関する指針　第8版（Guide for the Care and Use of Laboratory Animals Eighth Edition 2011）

　☞公益社団法人日本実験動物学会監訳『実験動物の管理と使用に関する指針　第8版』（アドスリー、2011年）

- ・動物シェルターでの飼養管理基準ガイドライン（Guidelines for Standards of Care in Animal Shelters 2010）

〈スウェーデン〉

・動物保護法（Djurskyddslag 2018）　　　・動物保護令（Djurskyddsförord-ning 2019）

・犬及び猫の飼養に関するスウェーデン農業庁令及び一般的助言（Statens jordbruksverks föreskrifter och allmänna råd om hållande av hund och katt. 2019）

☞樋口修「スウェーデンの新しい動物保護法―動物保護法（スウェーデン法令全書2018 年第1192 号）―（資料)」

『レファレンス817 号』79-103 頁（国立国会図書館、2019 年 2 月20 日）

同「スウェーデンのペット飼養規制―犬猫飼養庁令（スウェーデン農業庁法令全書2019 年第28 号）―（資料)」

『レファレンス821 号』73-101 頁（国立国会図書館、2019 年 6 月20 日）

〈有識者からの意見〉

・日本大学生物資源科学部獣医学科特任教授 津曲茂久氏（第 3 回 PT （2019 年12 月24 日）に出席）

・日本獣医生命科学大学獣医学部獣医学科助教　　　田中亜紀氏（同上）

・柴犬の某ブリーダー（同上）

・動物との共生を考える連絡会（第 5 回動物の適正な飼養管理方法等に関する研究会（2020 年 2 月 3 日）に出席）

【備考】犬のケージの大きさのうち、【ケージ内に必要な設備から導き出す場合】
の算定根拠について（試算）

※体長・体高の定義

| 体長：胸骨の先端から肛門部まで | 体高：肩甲骨の上端から地面まで |

※（超）小型犬の代表として、トイプードル（スタンダードの大きさとして体長
28cm、体高28cm）の場合

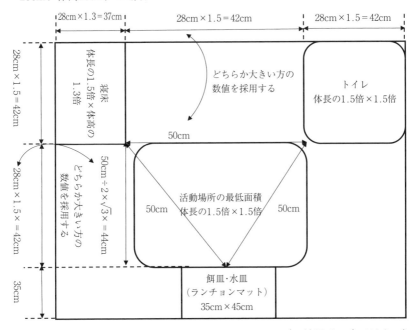

（※縮尺は一定ではない）

【（超）小型犬（トイプードル：体長28cm、体高28cmを想定）】

〈縦〉寝床の横42cm（体長の1.5倍）＋活動場所の高さ44cm＋ランチョンマット
の縦35cm＝121cm

〈横〉寝床の縦37cm（体高の1.3倍）＋寝床・トイレの間隔50cm＋トイレ42cm
（体長の1.5倍）＝129cm

〈面積〉121cm ×129cm≒1.56平米　→切り上げて2.0㎡

【中型犬（シェットランド・シープドッグ：体長45cm、体高41cm を想定）】

〈縦〉寝床の横68cm（体長の1.5倍）＋活動場所の一辺68cm（体長の1.5倍）＋マットの縦35cm＝171cm

〈横〉寝床の縦54cm（体高の1.3倍）＋活動場所の一辺68cm（体長の1.5倍）＋トイレ68cm（体長の1.5倍）＝190cm

〈面積〉171cm×190cm≒3.25 平米　→切り上げて3.5㎡

【大型犬（ゴールデンレトリバー：体長66cm、体高60cm を想定）】

〈縦〉寝床の横99cm（体長の1.5倍）＋活動場所の一辺99cm（体長の1.5倍）＋マットの縦35cm＝233cm

〈横〉寝床の縦78cm（体高の1.3倍）＋活動場所の一辺99cm（体長の1.5倍）＋トイレ99cm（体長の1.5倍）＝276cm

〈面積〉233cm×276cm≒6.43平米　→切り上げて6.5㎡

《事項索引》

《動物愛護法条文索引》

編　者

東京弁護士会

〒100-0013　東京都千代田区霞が関 1 - 1 - 3

弁護士会館 6 階

TEL：03-3581-2201（代表）

執筆者一覧（50音順）

《東京弁護士会公害・環境特別委員会動物部会》

市野　綾子	辻本　雄一
片口　浩子	楢木　圭祐
佐藤　光子	古川　穣史
芝田　麻里	山崎真一郎
島　昭宏	山本　真彦
髙本　健太	吉田　理人

**動物愛護法入門〔第2版〕―人と動物の共生する社会
の実現へ―**

令和2年9月16日　第1刷発行
令和4年10月10日　第2刷発行

定価　本体2,300円＋税

編　　者　東京弁護士会　公害・環境特別委員会

発　　行　株式会社　民事法研究会

印　　刷　株式会社　太平印刷社

発行所　株式会社　民事法研究会
　　　　〒150-0013　東京都渋谷区恵比寿3-7-16
　　　　〔営業〕TEL03(5798)7257　FAX03(5798)7258
　　　　〔編集〕TEL03(5798)7277　FAX03(5798)7278
　　　　http://www.minjiho.com/　info@minjiho.com

落丁・乱丁はおとりかえします。　　ISBN978-4-86556-387-0　C2032　￥2300E
カバーデザイン　関野美香

ペットをめぐるトラブルについて、法的な観点から解決に向けた方策を示す！

ペットの トラブル相談Q＆A

〔第2版〕

—基礎知識から具体的解決策まで—

渋谷　寛・佐藤光子・杉村亜紀子　著

A5判・281頁・定価　本体2,500円＋税

▶令和元年の動物愛護管理法改正、債権法改正等を踏まえて、ペットをめぐるトラブルの実態、法的責任、対応策等について、ペット問題に精通する法律実務家がわかりやすく解説！

▶好評の初版について、最新の法令や実務動向などをもとに約6年半ぶりに改訂！

▶問題の所在やトラブル解決に向けたポイントをわかりやすくするために各設問に「Point」を加え、事項索引を収録するなど、実務に至便！

▶トラブル相談を受ける消費生活センター関係者、自治体担当者のほか法律実務家等必携！

本書の主要内容

第1章　ペットをめぐる法律　　　　　　　（20問）

第2章　ペットをめぐる取引のトラブル　　（11問）

第3章　近隣をめぐるトラブル　　　　　　（3問）

第4章　ペットの医療をめぐるトラブル　　（10問）

第5章　ペット事故をめぐるトラブル　　　（10問）

第6章　その他のトラブル　　　　　　　　（13問）

第7章　トラブルにあったときの対処法　　（3問）

資　料　動物の愛護及び管理に関する法律

発行　民事法研究会

〒150-0013　東京都渋谷区恵比寿3-7-16
（営業）TEL. 03-5798-7257　FAX. 03-5798-7258
http://www.minjiho.com/　info@minjiho.com